RONALD SUMAYA Decano

Desenvolvimento cognitivo de estudantes universitários e resultados em geometria

RONALD SUMAYA Decano

Desenvolvimento cognitivo de estudantes universitários e resultados em geometria

ScienciaScripts

Imprint
Any brand names and product names mentioned in this book are subject to trademark, brand or patent protection and are trademarks or registered trademarks of their respective holders. The use of brand names, product names, common names, trade names, product descriptions etc. even without a particular marking in this work is in no way to be construed to mean that such names may be regarded as unrestricted in respect of trademark and brand protection legislation and could thus be used by anyone.

Cover image: www.ingimage.com

This book is a translation from the original published under ISBN 978-3-659-84085-2.

Publisher:
Sciencia Scripts
is a trademark of
Dodo Books Indian Ocean Ltd. and OmniScriptum S.R.L publishing group

120 High Road, East Finchley, London, N2 9ED, United Kingdom
Str. Armeneasca 28/1, office 1, Chisinau MD-2012, Republic of Moldova, Europe
Managing Directors: Ieva Konstantinova, Victoria Ursu
info@omniscriptum.com

Printed at: see last page
ISBN: 978-620-8-53871-2

ESBOÇO BIOGRÁFICO

O investigador é o terceiro filho do Sr. Rogelio M. Decano e da Sra. Lucita B. Sumaya. Nasceu a 31 de maio de 1979 em Mati, Davao Oriental.

Concluiu o ensino básico na Escola Básica Central de Matiao no ano de 1992. Passados quatro anos, concluiu o ensino secundário na Mati School of Arts and Trades. Obteve o bacharelato em Matemática na Faculdade de Ciências e Tecnologia do Estado de Davao Oriental e licenciou-se em 2001. Vivendo com os ideais de que a educação é um processo contínuo, continuou a sua busca de conhecimentos nos estudos de pós-graduação e tirou o Mestrado em Ensino de Matemática na Universidade do Sudeste das Filipinas. Atualmente, está a terminar o seu doutoramento em Ciências Matemáticas com especialização em Educação Matemática numa das melhores universidades das Filipinas, a Central Mindanao University em Musuan, Bukidnon.

Depois de terminar a faculdade, começou por trabalhar na cadeia de fast-food número um do país como gerente de loja. Um ano mais tarde, foi contratado para trabalhar na academia como professor do ensino secundário, tendo depois trabalhado como responsável de projeto numa das organizações não governamentais (ONG) da cidade de Davao, com o objetivo de ajudar os povos indígenas a recuperar o seu domínio ancestral. Tornou-se também investigador da Philippine Business for Social Progress (PBSP) e voltou a trabalhar no meio académico como professor universitário em dois colégios da cidade de Davao, um em Mati e outro em Misamis Oriental.

Atualmente, é membro do corpo docente a tempo inteiro do Bacharelato em Ciências da Tecnologia da Informação na Faculdade de Engenharia e Tecnologia do Holy Cross of Davao College, Inc., na cidade de Davao.

RECONHECIMENTO

Este projeto tão importante não teria sido possível sem o apoio generoso e a ajuda das pessoas que são fundamentais para o sucesso desta dissertação. Assim, o investigador gostaria de estender a sua sincera gratidão às seguintes pessoas:

Antes de mais, a Deus Todo-Poderoso, pela boa saúde, conhecimento e sabedoria que lhe concedeu e que o mantêm no meio de tentações e frustrações. Ele serve-lhe de luz, especialmente nos momentos em que está prestes a desistir.

Dr.ª Nenita I. Prado, sua conselheira e mentora, pela sua orientação contínua e pelo melhor aconselhamento que lhe deu para ajudar na realização deste projeto.

Aos ilustres membros do painel, nomeadamente: Dr. Raul C. Orongan, Reitor da Faculdade de Educação, Dr. Rolito G. Eballe, Reitor da Faculdade de Artes e Ciências e Dr. Denis A. Tan, Diretor da CMU-University Laboratory School, pelas suas ideias brilhantes e pelos comentários e sugestões construtivos que, sem dúvida, contribuíram para melhorar o trabalho.

Dr. Anthony M. Penaso, Vice-presidente da CMU para os Assuntos Académicos e Decano da Escola de Pós-Graduação, Dra. Fe Ann Yebron, anterior Presidente do Departamento de Matemática, e Dr. Alnar Detalla, atual Presidente do Departamento de Matemática, Dr. Danilo I. Mejica, Decano do HCDC - Graduate School, pelo seu contínuo encorajamento e preocupação professoral que ajudam este trabalho a continuar a avançar.

Por último, à sua mãe Lucita e ao seu pai Rogelio, à família, aos parentes e aos amigos, por terem estado presentes em todos os momentos, e por se terem constituído como inspiração para que esta dissertação fosse realizada com êxito.

O investigador está eternamente grato a todos vós que participam na realização deste projeto. Ele é muito abençoado por vos ter em toda a sua luta. Que Deus nos abençoe a todos!

ÍNDICE DE CONTEÚDOS

RESUMO

DECANO, RONALD SUMAYA. Universidade Central de Mindanao, Musuan, Bukidnon, março de 2013. Desenvolvimento cognitivo de estudantes universitários e seu desempenho em geometria: Uma avaliação utilizando a teoria de Piaget e os níveis de pensamento de Van Hiele.

Orientadora: Dra. Nenita I. Prado

O estudo avaliou os níveis de desenvolvimento cognitivo dos estudantes do Bacharelato em Ciências da Educação com especialização em Matemática do Colégio Santa Cruz de Davao, na cidade de Davao, e os seus resultados em Geometria, utilizando o Teste de Operações Lógicas de Piaget e o Teste de Geometria de Van Hiele. Este estudo também determinou a atitude dos estudantes universitários de cada nível relativamente à aprendizagem da Geometria.

Esta abordagem baseou-se em duas teorias complementares de desenvolvimento cognitivo, nomeadamente: a teoria de Piaget sobre as operações concretas e formais e os níveis de pensamento de Van Hiele, uma vez que se centram em diferentes aspectos do desenvolvimento cognitivo e postulam que os alunos podem aprender materiais se tiverem atingido um determinado nível de maturidade.

O investigador utilizou abordagens qualitativas e quantitativas para a investigação. A abordagem qualitativa utilizou o estudo de caso para descobrir as atitudes dos alunos em relação à Geometria e a abordagem quantitativa utilizou a correlação descritiva para determinar o grau de relação entre as teorias de desenvolvimento cognitivo e o aproveitamento em Geometria.

O estudo foi realizado no Holy Cross of Davao College, Inc., em particular com os estudantes de Matemática da Licenciatura em Ciências da Educação durante o primeiro semestre do ano letivo de 2012-2013.

Os instrumentos estatísticos utilizados para analisar e interpretar os dados foram a distribuição de frequências e percentagens para o perfil demográfico, a média para a determinação dos níveis de desenvolvimento cognitivo dos alunos utilizando o Teste de Operações Lógicas de Piaget e o Teste de Geometria de Van Hiele e o Teste de Realização em Geometria, análise de variância para comparar a diferença significativa quando agrupados de acordo com a idade, o género e o ano de escolaridade, correlação produto-momento de Pearson (Pearson-r) para determinar a extensão da relação entre os níveis de desenvolvimento cognitivo e a realização em Geometria e análise de regressão múltipla gradual para prever a realização dos alunos em Geometria.

Dos 105 inquiridos, setenta e um (71) foram considerados por se enquadrarem nos níveis de pensamento de Van Hiele no caso/critério modificado 3 de 5 respostas corretas ou M3. A maioria pertence à faixa etária dos 16-17 anos, é do sexo feminino e é estudante do primeiro ano.

Utilizando a teoria das operações concretas e formais de Piaget, que possuem os níveis de classificação, seriação e transitividade.

Utilizando os níveis de pensamento de Van Hiele, a maioria dos alunos é classificada como pensadores holísticos. Isto implica que os alunos têm um fraco desempenho em Geometria porque só são capazes de reconhecer o aspeto físico do fenómeno e não têm raciocínio lógico e hipotético.

Os estudantes universitários em geral têm um fraco aproveitamento no teste de Geometria.

Os alunos têm uma atitude negativa em relação à aprendizagem da Geometria porque não conseguem apreciá-la como disciplina e também estão confusos quanto à importância da Geometria no domínio que escolheram.

Existe uma diferença significativa nos níveis de desenvolvimento cognitivo utilizando o

Van

Os níveis de pensamento de Hiele quando agrupados de acordo com a idade, o género e o ano de escolaridade. Isto implica que os alunos com idades a partir dos 20 anos têm um melhor desempenho em

Geometria em comparação com os outros escalões etários. Revela também que os alunos do sexo masculino têm um desempenho superior ao das alunas e revela que os alunos do terceiro ano têm um desempenho superior ao dos outros anos em Geometria.

No que se refere aos níveis de desenvolvimento cognitivo, utilizando a teoria de Piaget sobre as operações concretas e formais, existe uma diferença significativa quando agrupados de acordo com os níveis de idade e de ano, tal como acontece com os níveis de pensamento de Van Hiele, mas não existe uma diferença significativa quando agrupados de acordo com o género. Este facto revela que tanto os alunos do sexo masculino como os do sexo feminino têm o mesmo desempenho em Geometria.

A diferença implicava que a teoria de Van Hiele informava a instrução dos professores enquanto a teoria de Piaget informa o desenvolvimento dos alunos.

Existem relações positivas significativas entre os níveis de raciocínio de Van Hiele, a teoria das operações concretas e formais de Piaget e o teste de realização de Geometria. Isto implica que os alunos têm um melhor desempenho em Geometria se atingirem os níveis de pensamento dedutivo e rigoroso de Van Hiele e os níveis de transitividade, proporcionalidade e correlação de Piaget.

Os níveis de pensamento dedutivo e rigoroso de Van Hiele e os níveis de transitividade, proporcionalidade e correlação de Piaget são factores de previsão significativos no desempenho dos alunos em Geometria. Isto implica que, para ter sucesso na aprendizagem da Geometria e da Matemática em geral, o aluno deve atingir o nível 3 de Van Hiele - pensamento dedutivo e o nível 3 de Piaget - transitividade.

INTRODUÇÃO

Antecedentes do estudo

O Ministério da Educação está a tomar medidas arrojadas para melhorar o currículo do ensino básico das Filipinas através dos programas K to 12, que entrarão em vigor no ano letivo de 2012-2013. O Programa de Ensino Básico Melhorado do K ao 12 tem como objetivo proporcionar um programa de ensino básico de 12 anos de qualidade a que cada filipino tem direito. Isto é consistente com o Artigo XIV, Secção 2(1) da Constituição Filipina de 1987, que afirma que "O Estado deve estabelecer, manter e apoiar um sistema completo, adequado e integrado de educação relevante para as necessidades do povo e da sociedade."

Uma das razões pelas quais o governo implementa o programa é o facto de ter constatado que os trabalhadores filipinos ultramarinos (OFW), em especial os profissionais, não conseguem competir academicamente com os restantes trabalhadores estrangeiros no estrangeiro devido à curta duração do programa de ensino básico de 10 anos recebido, o que é diferente dos outros países que, na sua maioria, têm um currículo de ensino básico de 12 anos. As Filipinas são o único país da Ásia e um dos três restantes países do mundo com um programa de ensino básico de 10 anos. De acordo com a norma estabelecida a nível internacional, o Acordo de Washington prescreve um ensino básico de 12 anos como entrada para o reconhecimento dos profissionais de engenharia, enquanto o Acordo de Bolonha exige 12 anos de ensino para a admissão à universidade e o exercício da profissão nos países europeus.

A matéria prescrita pelos professores de matemática tem sido um fator importante na determinação da sequência do currículo de matemática do ensino secundário e mesmo do ensino superior. As disciplinas de matemática são sequenciadas de acordo com as necessidades dos alunos, consoante os níveis de ensino. No currículo de matemática do ensino secundário, antes da implementação do programa K to 12, as disciplinas de Álgebra, Geometria, Trigonometria e Estatística são oferecidas nos níveis do primeiro, segundo, terceiro e quarto anos, respetivamente. Muitos investigadores tentaram realizar estudos sobre a forma de melhorar o desempenho dos alunos na sala de aula, mas a relação entre o tipo de sequenciação e as capacidades cognitivas dos alunos não foi frequentemente considerada.

No entanto, apesar da oferta das referidas disciplinas e dos esforços envidados para melhorar a posição do país nos inquéritos internacionais em matemática e ciências, o Estudo Internacional de Tendências em Matemática e Ciências (TIMSS) de 1999 continua a classificar as Filipinas em 36º lugar em matemática e ciências entre 38 países participantes e em 42º lugar em ciências e 41º lugar em matemática entre 45 países, no que se refere ao segundo ano do ensino secundário, no último inquérito de 2003. Se observarmos o padrão, parece não haver qualquer indicação de melhoria do desempenho no TIMSS de 1993 a 2003.

O declínio do interesse e do desempenho dos estudantes em matemática é também evidente no Colégio Holy Cross of Davao, na cidade de Davao. De facto, os alunos da licenciatura em Matemática já se fundiram com os alunos da licenciatura em Matemática do ensino secundário devido à diminuição das inscrições. Este problema é também enfrentado por outros cursos que oferecem mais unidades de matemática no seu currículo, como engenharia, contabilidade, educação e cursos marítimos. Esta pode ser a razão pela qual os diretores de curso não aplicam uma política de retenção rigorosa devido ao pequeno número de alunos. Para além do declínio alarmante do número de inscrições, outro problema com que se depara a maioria dos professores de matemática em Holy Cross é o abandono dos alunos e a sua reprovação no final de cada semestre. O maior número de desistências e reprovações registou-se no primeiro ano da faculdade. Estes alunos não conseguiram atingir uma determinada fase do desenvolvimento cognitivo porque parecem estar a agir e a comportar-se como crianças, como se o seu pensamento lógico nesta fase não estivesse totalmente desenvolvido. Por outras palavras, as suas capacidades intelectuais não correspondem às competências matemáticas previstas para o seu ano de escolaridade.

A matemática tem sido ensinada como se fosse igual a qualquer outra disciplina em que o conhecimento prévio não é tão importante. O currículo de geometria centra-se particularmente no facto de os alunos aprenderem memorizando uma lista de definições e propriedades das formas. Este enfoque é erróneo, mas, infelizmente, é o que a maioria dos professores faz no ensino da geometria. Em vez de memorizar propriedades e definições, os alunos devem desenvolver conceitos geométricos com significado pessoal e formas de raciocínio que lhes permitam analisar cuidadosamente problemas e situações espaciais (Battista, 2001). As instruções também devem ter como objetivo elevar o nível de pensamento, enfatizando o desenvolvimento das capacidades de pensamento de ordem superior dos alunos (HOTS).

O estudo centrou-se nas duas teorias que postulam que os alunos não podem aprender material se não tiverem atingido um determinado nível de desenvolvimento cognitivo. Estas teorias são a Teoria do Desenvolvimento Cognitivo de Piaget e os Níveis de Pensamento de Van Hiele. Até certo ponto, as referidas teorias são complementares porque se centram em diferentes aspectos do desenvolvimento cognitivo e do pensamento e discutem o processo de aprendizagem dos alunos. Estas teorias são importantes, uma vez que dizem respeito ao que os professores podem ensinar aos alunos e onde querem que os alunos estejam quando se formarem.

CAPÍTULO 1

Declaração do problema

O estudo foi realizado com o objetivo de avaliar os níveis de desenvolvimento cognitivo e de pensamento dos estudantes de Matemática do Colégio Santa Cruz de Davao e o seu desempenho em Geometria, utilizando a Teoria das Operações Concretas e Formais de Piaget e os Níveis de Pensamento de Van Hiele. Este estudo também determinou a atitude dos alunos em cada nível de pensamento de Van Hiele relativamente à aprendizagem da Geometria.

Especificamente, procurou responder às seguintes questões:

1. Qual é o perfil demográfico dos estudantes universitários em termos de:

a. idade

b. género

c. e nível de ano?

2. Qual é o nível de desenvolvimento cognitivo dos estudantes universitários em Geometria com base em:

a. A teoria das operações concretas e formais de Piaget,

b. e os níveis de pensamento de van Hiele?

3. Qual é o nível de desempenho dos estudantes universitários em Geometria?

4. Quais são as atitudes dos estudantes universitários em relação à Geometria?

5. Existe uma diferença significativa nos níveis de desenvolvimento cognitivo dos alunos quando agrupados de acordo com a idade, o género e o ano de escolaridade?

6. Quais são as diferenças nos níveis de desenvolvimento cognitivo dos alunos em Geometria?

7. Existe uma relação significativa entre os níveis das teorias do desenvolvimento cognitivo e o desempenho dos estudantes universitários em Geometria?

8. Quais são os níveis de desenvolvimento cognitivo que melhor prevêem os resultados dos alunos em Geometria?

CAPÍTULO 2

Objectivos do estudo

O principal objetivo deste estudo foi avaliar em que medida a teoria das operações concretas e formais de Piaget e os níveis de pensamento geométrico de Van Hiele explicam os diferentes tipos de desenvolvimento cognitivo e as suas relações com os resultados matemáticos, em particular na aprendizagem da geometria.

Especificamente, o objetivo era

1. descrever o perfil demográfico dos estudantes universitários em termos de idade, género e nível de escolaridade.

2. Determinar o nível de desenvolvimento cognitivo dos estudantes universitários em Geometria com base na teoria das operações concretas e formais de Piaget e nos níveis de pensamento de van Hiele.

3. Verificar o nível de aproveitamento dos estudantes universitários em Geometria.

4. conhecer as atitudes dos alunos relativamente à Geometria.

5. comparar os níveis de desenvolvimento cognitivo quando agrupados em função da idade, do género e do ano de escolaridade.

6. citar as diferenças nos níveis de desenvolvimento cognitivo dos alunos em Geometria.

7. correlacionar os níveis das teorias do desenvolvimento cognitivo com o desempenho dos estudantes universitários em Geometria.

8. identificar os níveis de desenvolvimento cognitivo que melhor predizem o desempenho dos estudantes universitários em Geometria.

CAPÍTULO 3

Importância do estudo

As conclusões do estudo serviram como dados de base para a conceção de um currículo de matemática que se adapte efetivamente aos níveis de desenvolvimento cognitivo dos estudantes universitários. Este currículo centrar-se-á na preparação dos estudantes universitários para as competências que devem adquirir à medida que avançam para as disciplinas de matemática superior. Isto ajudará a melhorar o desempenho dos estudantes em matemática, particularmente em geometria.

Para a Comissão para o Ensino Superior (CHED), as conclusões ajudariam a avaliar o atual currículo do ensino superior, se há necessidade de implementar outro programa que melhore o desempenho dos estudantes em inquéritos internacionais, uma vez que as Filipinas têm sido classificadas perto do fundo do poço, ou apenas a necessidade de intensificar a formação e a exposição dos professores para ajudar a melhorar a sua aprendizagem.

Para os responsáveis pelas políticas curriculares, este estudo pode servir de base para a conceção de um currículo de matemática realmente adequado às idades e aos níveis cognitivos dos alunos, de modo a reduzir os problemas de abandono escolar e a taxa de insucesso.

Para os diretores das escolas, os resultados do estudo proporcionar-lhes-ão uma via para analisar cuidadosamente e, eventualmente, rever o currículo que se adapte aos níveis de desenvolvimento cognitivo dos alunos. Ao fazê-lo, poderão planear programas de intervenção e actividades que reforcem o ensino da matemática na sala de aula.

Para os professores de geometria, os resultados do estudo ajudá-los-ão a criar actividades de sala de aula melhores, produtivas e interactivas, baseadas nos seus níveis de desenvolvimento cognitivo, que incentivarão os alunos a participar e, eventualmente, a aprender a matéria. Isto também os ajudaria a explorar melhores estratégias de ensino que se centrem no desenvolvimento total dos alunos .

Para os estudantes, os resultados ajudá-los-iam a compreender os níveis de desenvolvimento cognitivo a que pertencem, de modo a que as medidas académicas necessárias sejam acompanhadas de perto e até a monitorizar o seu próprio progresso, melhorando os seus níveis cognitivos através do estudo, especialmente nas áreas em que não são tão bons e precisam de mais prática.

Para os outros investigadores, esta investigação forneceria informações relevantes que serviriam de base para a realização de uma investigação semelhante num âmbito mais alargado, de modo a que os factores negligenciados neste estudo fossem tidos em consideração.

CAPÍTULO 4

Âmbito e delimitação do estudo

O estudo avaliou as relações entre os níveis de desenvolvimento cognitivo, utilizando a teoria de Piaget e o nível de pensamento de van Hiele, e os resultados dos alunos em matemática, nomeadamente em geometria. Uma vez que os sujeitos do estudo eram os estudantes universitários, o investigador considerou apenas os níveis da teoria de Piaget, nomeadamente as operações concretas e formais, porque a idade da maioria dos estudantes universitários se enquadra nestas faixas específicas. O investigador escolheu os estudantes do Bacharelato em Ensino Secundário e do Bacharelato em Artes que estudam matemática do primeiro ao quarto ano, oficialmente matriculados no primeiro semestre deste ano letivo de 2012-2013 no Holy Cross of Davao College, Inc. da cidade de Davao.

A disciplina que foi considerada para determinar o nível de desempenho dos alunos em matemática é a Geometria, porque esta disciplina pode utilizar as cinco operações lógicas concebidas por Piaget e a teoria do Nível de Pensamento de van Hiele. Como citado por King (2002), a geometria compreende os ramos da matemática que exploram a intuição visual para recordar teoremas, compreender provas, inspirar conjecturas, perceber a realidade e dar uma visão global. French, citado por Atebe e Schafer (2008), afirma que as competências matemáticas gerais estão intimamente ligadas à sua compreensão geométrica. Sherard, citado por Mateya (2008), salientou que a geometria tem aplicações importantes na maioria dos tópicos da matemática.

CAPÍTULO 5

Definição de termos

Os seguintes termos utilizados no estudo são definidos operacionalmente para estabelecer um quadro comum de referência para a clareza e a compreensão dos conceitos.

A abstração refere-se à capacidade de os alunos perceberem as relações entre propriedades e entre figuras. A este nível, os alunos podem criar definições com significado e apresentar argumentos informais para justificar o seu raciocínio.

A realização é definida como a capacidade intelectual dos inquiridos com base na

os resultados dos testes efectuados pelo investigador.

A análise refere-se à capacidade de os alunos verem as figuras como colecções de propriedades. Conseguem reconhecer e nomear propriedades de figuras geométricas, mas não conseguem

ver as relações entre estas propriedades.

O desenvolvimento cognitivo refere-se a uma fase de desenvolvimento que se centra no aspeto intelectual dos alunos, de acordo com a sua faixa etária.

Os estudantes universitários referem-se aos inquiridos do estudo que estão a frequentar o ensino superior e que estão a tirar o Bacharelato em Ciências da Educação com especialização em Matemática do primeiro ao quarto ano do Colégio Holy Cross of Davao.

A fase operacional concreta é o período do ensino básico e do início da adolescência em que a inteligência é demonstrada através da manipulação lógica e sistemática de símbolos relacionados com objectos concretos.

A dedução refere-se à capacidade dos alunos para construir provas, compreender o papel dos axiomas e das definições e conhecer o significado das condições necessárias e suficientes. A este nível, os alunos devem ser capazes de construir provas como as que se encontram normalmente numa aula de geometria do ensino secundário.

A fase operacional formal é a fase da adolescência e da idade adulta em que a inteligência é demonstrada através da utilização lógica de símbolos relacionados com conceitos abstractos. No início do período, há um retorno ao pensamento egocêntrico.

O estádio pré-operacional é a fase do bebé e da primeira infância em que a inteligência é demonstrada através da utilização de símbolos, o uso da linguagem amadurece e a memória e a imaginação são desenvolvidas, mas o pensamento é feito de uma forma não lógica e não reversível.

O pensamento rigoroso é a capacidade de os alunos apreciarem a investigação de vários sistemas de axiomas e sistemas lógicos; são também capazes de raciocinar da forma mais rigorosa possível dentro dos vários sistemas.

A fase sensório-motora é o período da infância em que a inteligência é demonstrada através da atividade motora sem a utilização de símbolos.

A visualização refere-se à capacidade de os alunos reconhecerem figuras apenas pela sua aparência, muitas vezes comparando-as com um protótipo conhecido. As propriedades de uma figura não são percepcionadas. A este nível, os alunos tomam decisões com base na perceção e não no raciocínio.

CAPÍTULO 6

QUADRO TEÓRICO

Este capítulo apresenta a revisão da literatura e estudos relacionados retirados de diferentes fontes, como livros, publicações, enciclopédias, periódicos, jornais, Internet, revistas e mesmo documentos não publicados que são relevantes para os objectivos de investigação deste estudo. Inclui estudos relacionados que utilizaram a teoria de Piaget e os níveis de pensamento de van Hiele.

CAPÍTULO 7

Revisão da literatura e estudos relacionados

Idade

A idade é uma das variáveis consideradas neste estudo. Trata-se de um atributo que pode ser operacionalizado de muitas formas. Pode ser dicotomizado de modo a que apenas dois valores, nomeadamente velho e jovem, sejam permitidos para o processamento posterior dos dados. Neste caso, o atributo idade é operacionalizado como uma variável binária. Trata-se de uma variável porque pode assumir valores diferentes para pessoas diferentes ou para a mesma pessoa em alturas diferentes. Várias investigações comportamentais utilizaram perfis demográficos como variáveis, mas este grupo de variáveis é normalmente selecionado e operacionalmente definido de forma bastante automática e normalmente sem muita imaginação.

Tal como citado por Barak e Schiffman (1981), a idade cronológica é definida como o número de anos vividos ou como a distância a partir do nascimento. Esta idade destaca-se de todas as outras variáveis em termos da frequência da sua utilização. Mas, apesar da sua grande popularidade, a utilização da idade cronológica é problemática para os investigadores interessados na investigação relacionada com a idade, em particular para a investigação que examina os padrões de comportamento atitudinal dos idosos. Mais precisamente, a idade cronológica não se presta bem a funcionar como variável dependente. É difícil justificar o emprego de quase todas as variáveis comportamentais de interesse como preditoras da idade cronológica. As pessoas que se consideram mais jovens têm mais probabilidades de ter tido mais educação do que as que se consideram mais velhas (Peters, 1971).

Género

A variável género é constituída por dois valores de texto: masculino e feminino. Se for útil, podem ser-lhe atribuídos valores quantitativos em vez dos valores de texto, mas os números não devem ser atribuídos para que algo seja uma variável. Foram realizadas várias investigações para determinar a relação entre o género e o desempenho académico dos estudantes.

Vale e Leder (2004) apresentam um estudo sobre a relação entre o género e as atitudes em relação à utilização de computadores para a aprendizagem da matemática, utilizando um questionário como fonte de dados. Embora a escala seja dirigida à mesma faixa etária, a questão do género pode surgir como uma variável importante. Enquanto os rapazes podem ter uma experiência mais positiva na aprendizagem da matemática pelo simples facto de a tecnologia estar presente, algumas raparigas podem valorizá-la quando sentem que tem potencial para compensar deficiências auto-percebidas (Barkatas, 2004).

Em estudos realizados com estudantes norte-americanos de 13 e 14 anos, matematicamente dotados, as raparigas acreditam mais fortemente na neutralidade da matemática em relação ao género do que os rapazes (Fox et al, 1985). Fennema, citado por Atnafu (2010), concluiu que os homens, mais do que as mulheres, consideram a matemática como uma atividade apropriada para os homens, estereotipando a matemática como

um domínio masculino.

Curso

O curso inclui a inclinação educativa dos inquiridos com base nas suas competências e conhecimentos. Numerosas investigações limitaram o estudo a vários graus ou cursos para determinar se o estudo melhora realmente a condição e, por conseguinte, sujeita a verificação da sua veracidade e veracidade. As variáveis externas são variáveis diferentes da variável independente que podem ter qualquer efeito sobre o comportamento do sujeito que está a ser estudado (Trochim, 2006). Isto afecta apenas as pessoas na experiência, não o local onde a experiência se realiza. Alguns exemplos são o género, a etnia, a classe social, a genética, a inteligência, a idade e o curso. Uma variável é estranha apenas quando se pode assumir que influencia a variável dependente. Introduz ruído mas não enviesa sistematicamente os resultados.

O desempenho dos alunos de turmas heterogéneas em matemática é muito diferente. O investigador atesta, na sua observação, que a maior parte dos alunos que reprovam na disciplina de matemática são os alunos que não têm apetência para a matemática. Por outras palavras, os alunos que frequentam cursos não relacionados com cursos de matemática.

Desenvolvimento Cognitivo

O desenvolvimento cognitivo é a construção de processos de pensamento, incluindo a recordação, a resolução de problemas e a tomada de decisões, desde a infância até à adolescência e à idade adulta (Wells, 2004). Antes de os bebés aprenderem a linguagem, acreditava-se que lhes faltava a capacidade de pensar, formar e compreender ideias complexas. Quando aprendem a linguagem, a criança está consciente do que a rodeia e interessada em recolher, classificar e processar informações de e à sua volta, utilizando os dados para desenvolver capacidades de perceção e pensamento.

O desenvolvimento cognitivo refere-se à forma como a pessoa percebe, pensa e adquire compreensão do seu mundo através da interação de factores genéticos e aprendidos. Contém os melhores trabalhos empíricos e teóricos sobre o desenvolvimento da perceção, da memória, da linguagem, dos conceitos, do pensamento, da resolução de problemas, da metacognição e da cognição social (Kuhn, 2012).

O desenvolvimento cognitivo de Piaget

Jean Piaget foi um psicólogo suíço cuja investigação sobre o desenvolvimento das crianças afectou profundamente as teorias psicológicas do desenvolvimento e do ensino das crianças. A sua teoria também tem sido amplamente estudada pela sua aplicação ao ensino das ciências no ensino básico, secundário e superior.

A teoria do desenvolvimento cognitivo de Piaget é uma teoria abrangente sobre a natureza e o desenvolvimento da inteligência humana, desenvolvida por Jean Piaget. É sobretudo conhecida como uma teoria das fases de desenvolvimento, mas, na realidade, trata da natureza do próprio conhecimento e da forma como os seres humanos o adquirem, constroem e utilizam gradualmente. Além disso, Piaget defende a ideia de que o desenvolvimento cognitivo está no centro do organismo humano e que a linguagem depende do desenvolvimento cognitivo. De seguida, apresenta-se uma breve descrição dos pontos de vista de Piaget sobre a natureza da inteligência e, em seguida, uma descrição das fases através das quais esta se desenvolve até à maturidade.

Piaget acreditava que a realidade é um sistema dinâmico de mudança contínua e, como tal, é definida em referência às duas condições que definem os sistemas dinâmicos que mudam.

Mais concretamente, defendeu que a realidade envolve transformações e estados. As transformações referem-se a todos os tipos de mudanças que uma coisa ou pessoa pode sofrer. Os estados referem-se às condições ou às aparências em que as coisas ou as pessoas se podem encontrar entre as transformações. Por exemplo, pode haver mudanças na forma (por exemplo, os líquidos são remodelados quando são transferidos de um recipiente para outro, os seres humanos mudam as suas caraterísticas à medida que envelhecem), no tamanho (por exemplo, uma série de moedas numa mesa pode ser colocada perto ou longe uma da outra), na colocação ou localização no espaço e no tempo (por exemplo, vários objectos ou pessoas podem ser encontrados num lugar num determinado momento e num lugar diferente noutro momento). Assim, Piaget argumentou que, para que a inteligência humana seja adaptativa, deve ter funções que representem tanto os aspectos transformacionais como os estáticos da realidade. Propôs que a inteligência operativa é responsável pela representação e manipulação dos aspectos dinâmicos ou transformacionais da realidade e que a inteligência figurativa é responsável pela representação dos aspectos estáticos da realidade).

De acordo com a teoria do desenvolvimento cognitivo de Piaget, a inteligência é o mecanismo básico para assegurar o equilíbrio nas relações entre a pessoa e o ambiente. Isto é conseguido através das acções da pessoa em desenvolvimento sobre o mundo. Em qualquer momento do desenvolvimento, o ambiente é assimilado nos esquemas de ação já disponíveis e estes esquemas são transformados ou adaptados às particularidades dos objectos do ambiente e do meio envolvente e do universo inteiro, se não forem completamente adequados.

Assim, o desenvolvimento da inteligência é um processo contínuo de assimilações e acomodações que conduzem a uma expansão crescente do campo de aplicação dos esquemas, a uma coordenação crescente entre eles, a uma interiorização crescente e a uma abstração crescente. O mecanismo subjacente a este processo de abstração crescente, de interiorização e de coordenação é a abstração reflexiva. Ou seja, a abstração reflexiva conduz gradualmente à rejeição das componentes de ação externa das operações sensório-motoras sobre os objectos e à preservação das componentes mentais, de planeamento ou de antecipação, da operação. São as operações mentais que se coordenam progressivamente entre si, gerando estruturas de operações mentais.

Estas estruturas de operações mentais são aplicadas sobre representações de objectos e não sobre os próprios objectos. A linguagem, as imagens mentais e a notação numérica são exemplos de representações que representam objectos e que, por isso, se tornam objeto de operações mentais. Além disso, as operações mentais, com o desenvolvimento, tornam-se reversíveis. Por exemplo, a contagem de uma série de objectos pode ser feita tanto para a frente como para trás, sabendo-se que o número de objectos contados não é afetado pela direção da contagem, uma vez que o mesmo número pode ser recuperado nos dois sentidos. Piaget descreveu quatro períodos principais no desenvolvimento de estruturas de pensamento equlibradas completamente reversíveis. Estes são os períodos descritos abaixo. Para Piaget, a inteligência não é a mesma em diferentes idades. Ela muda qualitativamente, atingindo estruturas cada vez mais amplas, mais abstractas e mais equilibradas, permitindo assim o acesso a diferentes níveis de organização do mundo.

Fase sensório-motora (do nascimento aos 2 anos de idade). A fase sensório-motora é a primeira fase que Piaget utiliza para definir o desenvolvimento cognitivo. Durante este período, os bebés estão ocupados a descobrir relações entre os seus corpos e o ambiente. Os investigadores descobriram que os bebés têm capacidades sensoriais relativamente bem desenvolvidas. A criança baseia-se em ver, tocar, sugar, sentir e utilizar os seus sentidos para aprender coisas sobre si própria e sobre o ambiente. Piaget chama a esta fase a fase sensório-motora porque as primeiras manifestações de inteligência surgem das percepções sensoriais e das actividades motoras. A criança constrói uma compreensão de si própria e da realidade (e de como as coisas funcionam) através de interações com o ambiente. É capaz de distinguir entre si próprio e os outros objectos. A aprendizagem ocorre por assimilação (a organização da informação e a sua absorção nos esquemas existentes) e por acomodação (quando um objeto não pode ser assimilado e os esquemas têm de ser modificados para incluir o objeto.

Fase pré-operacional (dos 2 aos 4 anos). Na fase pré-operacional, a criança reage a todos os objectos semelhantes como se fossem idênticos (Lefrancois, 1995). Nesta altura, todas as mulheres são "mamã" e todos os homens "papá". Neste nível, o pensamento da criança é transdutivo. Isto significa que a criança faz inferências de uma coisa específica para outra (Carlson & Buskist, 1997). Isto leva a que uma criança olhe para a lua e raciocine: "A minha bola é redonda, aquela coisa ali é redonda; logo, aquela coisa é uma bola". Os objectos são classificados de forma simples, especialmente por caraterísticas importantes.

Operações concretas (dos 7 aos 11 anos). Durante esta fase, as crianças começam a raciocinar logicamente e a organizar os pensamentos de forma coerente. No entanto, só conseguem pensar em objectos físicos reais e não conseguem lidar com o raciocínio abstrato. Têm dificuldade em compreender conceitos abstractos ou hipotéticos. Esta fase é também caracterizada pela perda do pensamento egocêntrico. Durante esta fase, a criança tem a capacidade de dominar a maior parte das experiências de conservação e começa a compreender a reversibilidade. A conservação é a perceção de que a quantidade não se altera quando nada foi acrescentado ou retirado de um objeto ou de um conjunto de objectos, apesar das alterações na forma ou na disposição espacial.

O estádio operacional concreto é também caracterizado pela capacidade da criança de coordenar simultaneamente duas dimensões de um objeto, de organizar estruturas em sequência e de transpor diferenças entre elementos de uma série. A criança é capaz de resolver problemas concretos. A criança tem agora à sua disposição etiquetas categóricas como "número" ou "animal".

As crianças que trabalham com o concreto adquirem também a capacidade de estruturar hierarquicamente os objectos, o que se designa por classificação. Isto inclui a noção de inclusão de classes, por exemplo, a compreensão de que um objeto faz parte de um subconjunto incluído num conjunto pai, e é demonstrado na tarefa de inclusão de Piaget, pedindo às crianças que identifiquem, de entre um número de contas de madeira castanhas e brancas, se havia mais contas castanhas ou contas de madeira (Piaget, 1965). A criança começa a pensar de forma abstrata e a concetualizar, criando estruturas lógicas que explicam as suas experiências físicas.

Operações formais (a partir dos 11 aos 15 anos). A cognição atinge a sua forma final. Nesta fase, a pessoa já não precisa de objectos concretos para fazer juízos racionais. É capaz de raciocinar de forma dedutiva e hipotética. A sua capacidade de pensamento abstrato é muito semelhante à de um adulto. A fase Operacional Formal é a fase final da teoria de Piaget. Começa aproximadamente entre os 11 e os 12 anos de idade e prolonga-se até à idade adulta, embora Piaget refira que algumas pessoas podem nunca chegar a esta fase do desenvolvimento cognitivo. A fase operacional formal caracteriza-se pela capacidade de formular hipóteses e de as testar sistematicamente para chegar a uma resposta a um problema.

O indivíduo na fase formal é também capaz de pensar de forma abstrata e de compreender a forma ou a estrutura de um problema matemático. Outra caraterística do indivíduo é a sua capacidade de raciocinar contrariamente aos factos. Ou seja, se lhe for dada uma afirmação e lhe for pedido que a utilize como base de um argumento, é capaz de realizar a tarefa. Por exemplo, é capaz de lidar com a afirmação "o que aconteceria se a neve fosse preta".

Os níveis de pensamento de Van Hiele

Dois educadores holandeses, Dina e Pierre van Hiele, sugeriram que as crianças podem aprender geometria de acordo com uma estrutura de raciocínio que desenvolveram na década de 1950. Os educadores da antiga União Soviética tomaram conhecimento da investigação de van Hiele e alteraram o seu currículo de geometria na década de 1960. Durante os anos 80, os Estados Unidos interessaram-se pelos contributos dos van Hiele; o National Council of teachers of Mathematics (1989) aproximou o modelo de aprendizagem van Hiele da sua aplicação, sublinhando a importância da aprendizagem sequencial e de uma abordagem por actividades. Em 1957, o modelo van Hiele foi desenvolvido por dois educadores matemáticos holandeses, P. M. van Hiele e a sua mulher. Foram realizados vários estudos para descobrir as implicações da teoria nos actuais currículos de geometria do ensino básico e secundário e para validar aspectos do modelo de van Hiele (Wu & Ma, 2005). No entanto, descobrir as implicações da teoria de van Hiele para os alunos do ensino básico é também muito importante. O foco deste estudo é o nível elementar.

O modelo de Van Hiele afirma que o aprendente se move sequencialmente através de cinco níveis de compreensão. Existem diferentes sistemas de numeração na literatura, mas os van Hieles falavam de níveis de 0 a 4, sendo o nível 0 (pensamento holístico), o nível 1 (pensamento analítico), o nível 2 (pensamento abstrato), o nível 3 (pensamento dedutivo) e o nível 4 (pensamento rigoroso).

Siyepu (2005) efectuou uma investigação que utilizou a teoria de Van Hiele para resolver os problemas encontrados pelos alunos do 11º ano em geometria circular. Os resultados revelaram que muitos dos alunos do 11º ano não estavam preparados para o estudo de conceitos geométricos e provas mais sofisticados. As suas conclusões também apoiaram a conclusão de que os níveis de pensamento de Van Hiele são hierárquicos.

Nível de aproveitamento em Geometria

Para além das diferenças de desempenho entre os alunos com altas e baixas capacidades, são frequentemente assinaladas diferenças de género nos testes de desempenho em matemática. Vale (2009), Abiam e Odok (2006) referem que existem diferenças entre os géneros no desempenho em matemática, mas que essas diferenças têm vindo a diminuir ao longo dos anos. Analisando os resultados do WAEC de 2008, Uwaidiae (2008) refere que 7,32% e 6,42% dos estudantes do sexo masculino e feminino, respetivamente, obtiveram aprovação. Especificamente, Abiam e Odok (2006) concluíram que não existe uma relação significativa entre o género e o desempenho em número e numeração, estatística, álgebra, mas uma relação fraca entre o género e o desempenho em geometria e trigonometria. Além disso, Amelink (2009) indicou que os alunos do sexo masculino tinham um melhor desempenho em geometria e medição entre os alunos do 8.º ano, enquanto os números e as operações eram melhor desempenhados pelas alunas. Assim, a revisão mostrou que os alunos do género masculino obtiveram melhores resultados em geometria do que os alunos do género feminino.

Atitude

O Conselho Nacional de Professores de Matemática declarou que "a geometria é um lugar natural para o desenvolvimento das capacidades de raciocínio e justificação dos alunos, onde os alunos devem compreender que uma parte da beleza da matemática é que, quando acontecem coisas interessantes, é normalmente por uma boa razão" (NCTM, 2000).

A noção quotidiana de atitude refere-se ao facto de alguém gostar ou não gostar de um alvo familiar. Ruffell, Mason e Allen (1998) afirmam que, originalmente, a palavra atitude se referia a aspectos da postura (como em to strike an attitude) que exprimiam emoção. Foi depois aplicada metaforicamente ao mental (uma atitude da mente), tendo sido eliminados os indicadores metafóricos, ficando simplesmente a atitude como uma orientação mental.

Ajzen (1988) definiu a atitude como uma disposição para responder favoravelmente ou desfavoravelmente a um objeto, pessoa, instituição ou acontecimento. O pressuposto implícito de que existe uma "coisa" que se designa por atitude e que é uma construção multidimensional com três componentes interligadas : cognitiva, expressões de crenças sobre o objeto da atitude; afectiva, expressões de sentimentos em relação a um objeto de atitude e expressões cognitivas de intenção comportamental.

A geometria é um aspeto da matemática que se ocupa do estudo das diferentes formas. Estas formas podem ser planas ou sólidas. Uma forma plana é uma forma geométrica em que a linha reta que une dois pontos quaisquer se situa totalmente na sua superfície. Por outro lado, uma forma sólida é delimitada por superfícies que podem não estar totalmente representadas numa superfície plana. As estatísticas revelam que a dificuldade no ensino e na aprendizagem da matemática, em particular da geometria, tem resultado num insucesso maciço nos exames.

O insucesso em massa nos exames de matemática é real e a tendência do desempenho dos alunos tem vindo a diminuir.

A atitude é um padrão de comportamento aprendido que se desenvolve através do ambiente em que se vive (Thompson, 1993). Representa os sentimentos de uma pessoa em relação a determinadas circunstâncias e afecta a sua reação a uma situação específica. Aiken (1976) definiu a atitude como uma predisposição ou tendência aprendida por parte de um indivíduo para responder positiva ou negativamente a um determinado objeto, condição ou conceito. De acordo com McLeod (1992), a atitude é o grau de afeto positivo ou negativo associado a um determinado assunto.

Com base nos resultados de estudos relacionados, há muitos indicadores de que os alunos nas aulas de geometria não têm experiência para ver a importância da geometria na vida quotidiana nem para ver as razões para fazer provas geométricas (Chazan, 1993& Almeida, 2000& Refaat, 2001& Nordstrom, 2003& Gfeller, 2005). Os resultados do inquérito de Almeida (2000) sobre as atitudes dos estudantes suecos em relação à prova indicaram que, mesmo com a atitude geral positiva em relação à prova geométrica, a resposta mais negativa dos estudantes foi "Não vejo qual a utilidade de fazer provas: todos os resultados da disciplina já foram provados sem margem para dúvidas por matemáticos famosos".

CAPÍTULO 8

Quadro concetual

Este estudo baseou-se nas duas teorias de desenvolvimento cognitivo conhecidas, nomeadamente: A teoria de Piaget sobre as operações concretas e formais e o nível de pensamento de Van Hiele. Estas teorias centram-se nos níveis de desenvolvimento cognitivo e no pensamento e colocam a hipótese de que os alunos podem aprender materiais à medida que crescem (Wankat & Oreovicz, 2010).

A teoria do desenvolvimento cognitivo de Piaget é uma teoria abrangente sobre a natureza e o desenvolvimento da inteligência humana e aborda a natureza do conhecimento e a forma como os seres humanos o adquirem, constroem e utilizam gradualmente (Piaget, 2001). Piaget desenvolveu um modelo de quatro fases sobre a forma como a mente processa a nova informação aprendida e postulou que as crianças progridem através de 4 fases e pela mesma ordem, nomeadamente: fase sensório-motora (do nascimento aos 2 anos de idade), fase pré-operacional (dos 2 aos 4 anos de idade), fase de operações concretas (dos 7 aos 11 anos de idade) e fase de operações formais (com início entre os 11 e os 15 anos de idade). Para efeitos do estudo, as operações concretas e formais só serão consideradas porque as idades dos inquiridos se enquadram nestas fases (Leongson e Limjap, ret. 2012). De acordo com Piaget, nas operações concretas, as crianças dos 7 aos 11 anos começam a raciocinar logicamente e a organizar os pensamentos de forma coerente. No entanto, só conseguem pensar em objectos físicos e não conseguem lidar com o raciocínio abstrato e têm dificuldade em compreender conceitos hipotéticos. Nas operações formais, que começam entre os 11 e os 15 anos, as crianças não precisam de objectos concretos para fazer juízos racionais. Já são capazes de raciocínios dedutivos e hipotéticos e têm a capacidade de formular hipóteses e testá-las sistematicamente para chegar a uma resposta ao problema.

O nível de pensamento de Van Hiele postulava que os alunos progrediam através de uma sequência de etapas no raciocínio geométrico e afirma que os alunos se movem sequencialmente através de cinco níveis de compreensão, nomeadamente: nível 0 (pensamento holístico, nível 1 (pensamento analítico), nível 2 (pensamento abstrato), nível 3 (pensamento dedutivo) e nível 4 (pensamento rigoroso). No nível 0, um aluno consegue identificar formas pela sua aparência, mas não reconhece os atributos ou propriedades específicas de um objeto. No nível 1, um aluno é capaz de ver e identificar as propriedades de alguns objectos específicos. No nível 2, o aluno é capaz de argumentar logicamente sobre os atributos ou as relações entre atributos. No nível 3, um aluno compreende a estrutura matemática da Geometria e é capaz de raciocinar dedutivamente dentro de um sistema matemático particular, embora não se aperceba de que axiomas diferentes produziriam um sistema diferente ou mesmo teorias diferentes. No nível 4, o aluno pode apreciar a investigação de vários sistemas de axiomas e sistemas lógicos e é capaz de raciocinar da forma mais rigorosa possível dentro de vários sistemas.

O quadro concetual apresentado na Figura 1 mostra a relação entre as operações concretas e formais de Piaget, os níveis de pensamento de Van Hiele, o perfil demográfico dos inquiridos, a atitude e os resultados dos alunos em matemática.

Van Hiele desenvolveu uma teoria que, segundo eles, descreve uma progressão de sofisticação crescente da compreensão da geometria. Esta teoria descreve os cinco níveis hierárquicos discretos numerados de 0 a 4, nomeadamente: pré-recognitivo, visual, descritivo/analítico/abstrato/relacional e rigor.

Como tal, estas teorias têm em conta os níveis de desenvolvimento cognitivo dos aprendentes e serão utilizadas para avaliar os inquiridos se estão a atingir os níveis esperados de acordo com as suas faixas etárias.

CAPÍTULO 9

Paradigma de investigação

O paradigma da investigação é apresentado a seguir:

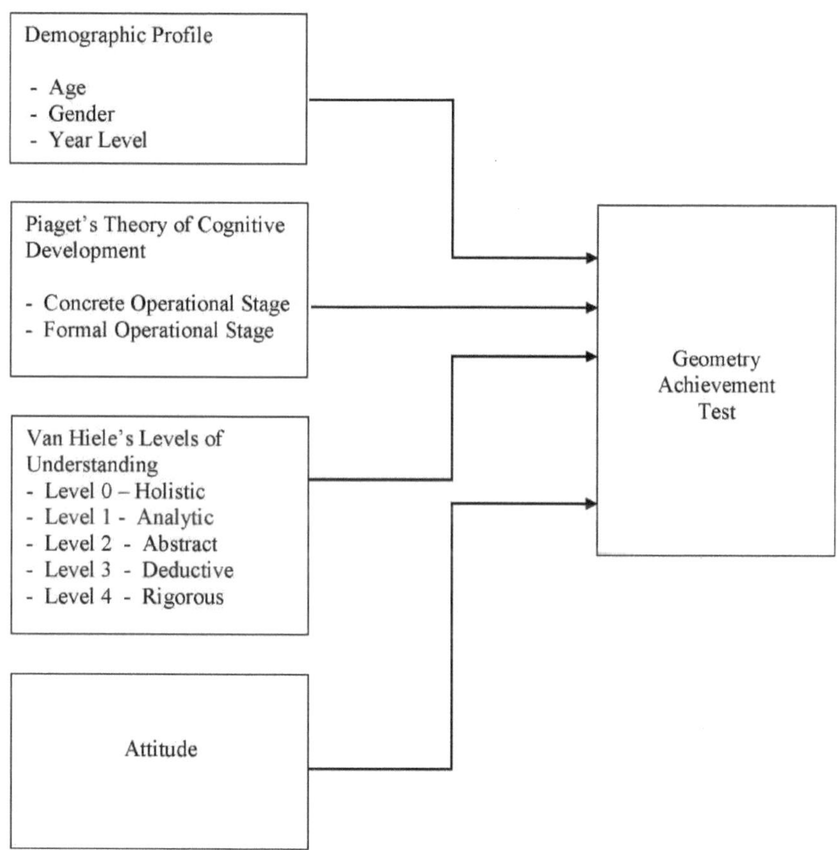

Figura 1. Um diagrama esquemático que mostra a relação entre as variáveis

CAPÍTULO 10

Hipóteses do estudo

As hipóteses nulas testadas neste estudo foram as seguintes

H_{01} Não existe diferença significativa nos níveis de desenvolvimento cognitivo e de pensamento quando agrupados de acordo com a idade, o género e o ano de escolaridade.

H_{02} Não existe uma relação significativa entre os níveis das teorias do desenvolvimento cognitivo e o desempenho dos estudantes universitários em Geometria.

H_{03} Não há níveis de desenvolvimento cognitivo que melhor prevejam os resultados dos alunos em Geometria.

CAPÍTULO 11

METODOLOGIA

Neste capítulo, são apresentadas as discussões sobre a conceção da investigação, o local do estudo, os sujeitos inquiridos, os procedimentos de amostragem, os instrumentos de investigação, os procedimentos de recolha de dados e as técnicas estatísticas.

CAPÍTULO 12

Conceção da investigação

O investigador utilizou abordagens qualitativas e quantitativas para a investigação. A abordagem qualitativa, em particular o estudo de casos, foi utilizada para descobrir a atitude dos estudantes universitários de cada nível em relação à Geometria. Isto foi feito através de entrevistas aos inquiridos, guiadas por perguntas de entrevista semi-estruturadas e depois analisadas através de um processo rígido de análise de conteúdo. A entrevista centrou-se na avaliação da atitude dos inquiridos com base nos níveis a que pertencem. Este facto é apoiado por Basey (1999), que afirma que um estudo de caso é o estudo de uma singularidade que é escolhida devido ao seu interesse para o investigador.

Foi utilizada uma abordagem quantitativa para determinar a extensão da relação entre as duas teorias e o desempenho dos alunos em Geometria. Leedy e Ormrod, citados por Mateya (2008), explicaram que a investigação quantitativa é utilizada para responder a perguntas sobre relações entre variáveis medidas com o objetivo de explicar, prever e controlar fenómenos.

CAPÍTULO 13

Local do estudo

O estudo foi efectuado no Colégio Santa Cruz de Davao, departamento universitário. O Colégio Santa Cruz de Davao (HCDC) é uma empresa filipina, católica, arquidiocesana e educativa, sem fins lucrativos e sem acções, fundada pelas Irmãs Religiosas da Virgem Maria em 1951 e mantida pela Sociedade das Missões Estrangeiras do Quebeque (Padres PME) em 1956. Em 1978, houve uma mudança de administração que cortou o cordão umbilical da escola em relação aos seus fundadores e passou o apostolado da educação para a Arquidiocese de Davao. Está situada em Sta. Ana Ave, cidade de Davao, Mindanao do Sul, Filipinas.

Está dividida em seis faculdades que incluem a Faculdade de Artes e Ciências, a Faculdade de Educação, a Faculdade de Engenharia e Tecnologia, a Faculdade de Educação Marítima, a Faculdade de Criminologia e a Faculdade de Gestão e Contabilidade. Tem também departamentos de ensino básico, secundário e de pós-graduação. O HCDC tem três campus, o Campus Principal na Avenida Sta. Ana (que alberga os cursos de graduação, pós-graduação e cursos técnicos e profissionais) e o Campus JP. Laurel Avenue (ensino básico e secundário) - todos localizados no centro do Golfo de Silício, na cidade de Davao, a capital de facto dos negócios, do comércio e da educação de Mindanau. O outro localiza-se em Camudmud, na ilha de Babak, na cidade-jardim da ilha de Samal, que apenas oferece cursos de licenciatura. A figura 2 mostra o mapa do ambiente de investigação, destacando a vizinhança do Holy Cross of Davao College, Inc., retirado do googlemap.com.

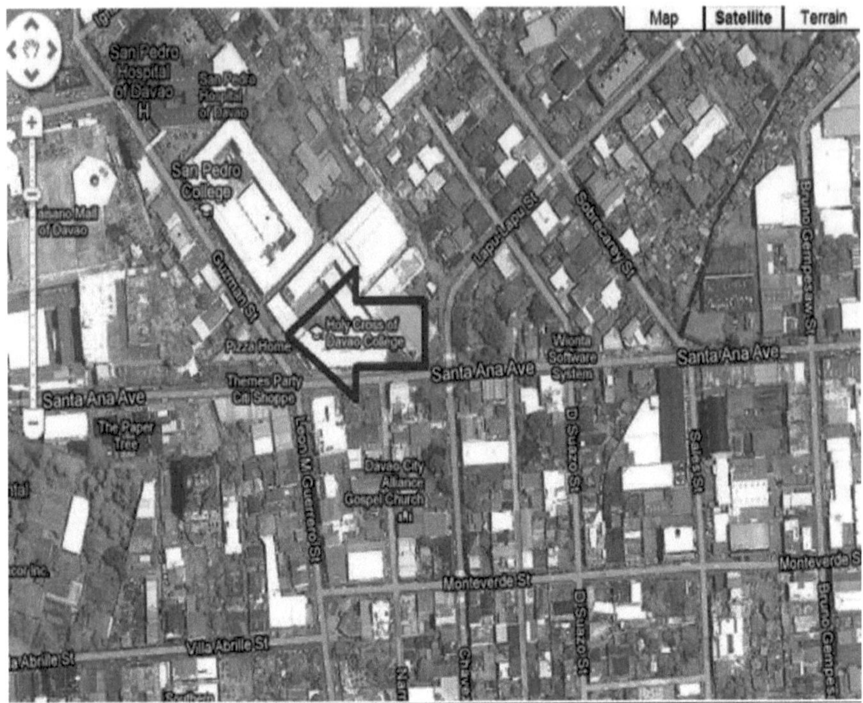

Figura 2. Mapa de vizinhança do local do estudo

CAPÍTULO 14

Os inquiridos

O estudo contou com a participação de 105 inquiridos. Eram os estudantes universitários matriculados durante o primeiro semestre deste ano letivo de 2012-2013 no Colégio Holy Cross of Davao. Os alunos do primeiro e do quarto ano estavam a frequentar a licenciatura em Ciências da Educação e a licenciatura em Matemática. Uma vez que eram poucos os inscritos nestes dois cursos, o investigador escolheu todos os estudantes do primeiro ao quarto ano. A distribuição dos inquiridos por idade, sexo e ano de escolaridade é apresentada no quadro 6.

CAPÍTULO 15

Instrumentos de investigação

O investigador utilizou três (3) tipos de questionários, nomeadamente: o Teste de Geometria de Van Hiele (VHGT), o Teste de Operações Lógicas de Piaget (PTLO) e o Teste de Realização em Geometria (GAT), elaborado pelo investigador, como meios de recolha de dados para o estudo. Estes questionários foram elaborados com base na literatura revista e validados por professores de matemática. Os referidos questionários foram testados por um piloto para determinar a sua fiabilidade.

Teste de Geometria de Van Hiele. O Teste de Geometria de Van Hiele é um teste de escolha múltipla de 25 itens concebido pelo próprio van Hiele (2010) para determinar o nível de compreensão dos alunos em Geometria. Este teste está organizado em cinco blocos e cada bloco tem cinco perguntas que estão organizadas sequencialmente. As questões 1-5 medem a compreensão do aluno no nível 0, as questões 6-10 medem a compreensão do aluno no nível 1, as questões 11-15 medem a compreensão do aluno no nível 2, as questões 16-20 medem a compreensão do aluno no nível 3 e as questões 21-25 medem a compreensão do aluno no nível 4. Usiskin (1982), citado por Knight (2006), considerou que os comportamentos fornecidos por Van Hiele (1957), que descreviam os três primeiros níveis de Van Hiele, eram em número e pormenor suficientes para que as perguntas que testavam estes níveis fossem fáceis de desenvolver.

Para determinar quantas perguntas, num bloco de cinco perguntas, devem ser respondidas corretamente para se ser identificado como tendo esse nível de compreensão, o criador do Teste de Geometria Van Hiele especifica a utilização de um dos dois critérios. O critério a utilizar baseia-se no facto de o investigador querer reduzir o erro de tipo I ou o erro de tipo II.

O erro de tipo I refere-se a uma decisão tomada por um aluno que cumpre um critério quando não deveria ter sido tomada. Assim, para efeitos do teste, devem ser necessárias 4 das 5 perguntas de cada bloco que devem ser respondidas corretamente para atingir esse nível de compreensão.

O erro de tipo II é a probabilidade de um aluno que está a funcionar a um determinado nível ser considerado pelo teste como não satisfazendo o critério. Para efeitos do estudo, o investigador estará a colocar um requisito demasiado rigoroso para atingir um nível de compreensão. Isto é feito exigindo que apenas 3 das 5 perguntas sejam respondidas corretamente para atingir esse nível específico de compreensão. A razão para isso é que nem todos os inquiridos estão atualmente a frequentar disciplinas de Geometria. Alguns destes estudantes utilizariam os seus conhecimentos prévios sobre Geometria, muito provavelmente os conhecimentos adquiridos durante o ensino secundário da Matemática, para responder aos questionários.

Para identificar o caso/critério a que pertencem os estudantes universitários, o quadro seguinte apresenta os quatro casos/critérios e o respetivo acrónimo.

Tabela 1. Identificação do caso/critério

Acronym	Description of Case/Criterion
C3	Classic case, 3 of 5 correct answers
C4	Classic case, 4 of 5 correct answers
M3	Modified case, 3 of 5 correct answers
M4	Modified case, 4 of 5 correct answers

O processo de análise utilizado para identificar os níveis de pensamento de Van Hiele dos alunos foi retirado de um dos critérios de sucesso sugeridos por Usiskin (1982), que consistia em atribuir primeiro aos alunos uma pontuação de soma ponderada com base na resposta correta ao número de perguntas atribuído em cada bloco, tal como indicado na Tabela 2. Esta análise seria utilizada se o aluno não se enquadrasse nos casos clássicos.

Tabela 2. Pontos ponderados atribuídos por caso/critério satisfeito

For meeting the criterion on:	Block	Level	Points awarded:
Questions 1-5	1	0	1
Questions 6-10	2	1	2
Questions 11-15	3	2	4
Questions 16-20	4	3	8
Questions 21-25	5	4	16

A título de exemplo, utilizando o critério do investigador, se um aluno responder corretamente a pelo menos 3 perguntas do primeiro e do segundo blocos, mas não responder aos restantes blocos de perguntas, ser-lhe-á atribuída uma classificação ponderada de 3 (1+2+0+0+0) e a sua compreensão pertencerá ao nível 2. Além disso, se o aluno responder a pelo menos 3 das 5 perguntas dos três primeiros blocos de perguntas, ser-lhe-á atribuída uma pontuação ponderada de 7 (1+2+4+0+0), e a compreensão do aluno será classificada como nível 3. A pontuação máxima obtida pelos alunos foi 1+2+4+8+16 = 31 pontos. Com base neste sistema, a identificação do nível de compreensão de um aluno é apresentada na Tabela 3.

Tabela 3. Identificação do Nível Atingido por Soma Ponderada

Weighted sum of:	Level
0 or 16	0
1 or 17	1
3 or 19	2
7 or 23	3
15 or 31	4

Se o aluno não seguir qualquer um dos critérios para determinar o seu nível de compreensão, os casos serão rotulados como "não adequados" ao modelo teórico.

Teste das Operações Lógicas de Piaget (PTLO). Trata-se de um instrumento elaborado por um investigador que é utilizado para determinar os níveis de desenvolvimento cognitivo dos alunos em matemática, utilizando as operações lógicas de Piaget, nomeadamente: classificação, seriação, transitividade, proporcionalidade e raciocínio correlacional. Estas operações envolvem o padrão de raciocínio e o progresso dos alunos ao lidarem com uma situação que requer uma análise cuidadosa e uma ação imediata. A Tabela 4 mostra os cinco (5) testes de operações lógicas de Piaget e as suas descrições correspondentes com base nas capacidades dos alunos.

Tabela 4. Teste de operações lógicas de Piaget

Operations	Descriptions
Classification	Ability to name and identify sets of objects according to appearance, size, or other characteristics, including the idea that one set of objects can include another
Seriation	Ability to sort objects in an order according to size, shape or any other characteristics
Transitivity	Ability to recognize relationships among various things in a serial order
Proportionality	Ability to determine the relative magnitude of the increase and decrease of ratios
Correlation	Ability to recognize a comparison between the number of confirming and disconfirming cases of a hypothesized relationship to the total number of cases.

O PTLO é composto por 25 perguntas que estão divididas em cinco blocos de nível crescente de capacidades e cada bloco é composto por 5 perguntas. O primeiro bloco de perguntas mede a capacidade de classificação do aluno, enquanto o segundo bloco de perguntas testa a capacidade de seriação do aluno. O terceiro, quarto e quinto blocos de perguntas avaliam a capacidade do aluno para a transitividade, a proporcionalidade e a correlação, respetivamente. Se os alunos possuírem as capacidades de classificação, seriação e transitividade, são classificados como pensadores operacionais concretos. Se adquirirem as capacidades de proporcionalidade e correlação, diz-se que são pensadores operacionais formais. Os pensadores operacionais concretos e formais são ambos categorizados em fases, nomeadamente: concreta inicial, concreta intermédia e concreta tardia e formal inicial e formal tardia, respetivamente.

A Tabela 5 mostra o processo de identificação dos níveis de desenvolvimento cognitivo dos estudantes universitários com base no Teste das Operações Lógicas de Piaget, tal como utilizado neste estudo.

Tabela 5. Pontuação contínua para o teste de operações lógicas de Piaget

Score	Stage	Logical Operation	Level
1 – 5	Early Concrete	Classification	1
6 – 10	Mid-Concrete	Seriation	2
11 – 15	Late Concrete	Transitivity	3
16 – 20	Early Formal	Proportionality	4
21- 25	Late Formal	Correlation	5

Utilizando as pontuações como base para a identificação dos níveis a que pertencem os estudantes universitários, estes são classificados de acordo com as diferentes fases, como se segue:

1. Concreto inicial (1-5 pontos). Nesta fase, os alunos são capazes de nomear e identificar conjuntos de objectos de acordo com a sua aparência, tamanho ou outras caraterísticas, incluindo a ideia de que um conjunto de objectos pode incluir o outro. São os alunos que não fazem qualquer tentativa de resolução do problema. Se tentam resolver, há muitas inconsistências nas soluções e muito poucos indícios de que tenham atingido os padrões de raciocínio. Os alunos mostram um fraco desempenho e são incapazes de ver as relações corretas entre as peças de informação no problema, como se manifesta pela sua representação incorrecta dos problemas (Leongson & Limjap, 2002).

2. Concreto médio (6-10 pontos). Os alunos nesta fase são capazes de ordenar objectos segundo o tamanho, a forma ou outras caraterísticas. Demonstram compreender os problemas, tentando resolvê-los através da determinação do que é dado e do que é pedido, mas não conseguem identificar as relações que existem entre eles.

3. Concreto tardio (11-15 pontos). Os alunos são capazes de reconhecer as relações entre

várias coisas numa ordem serial. Actuam sobre o problema e são capazes de resolver outros que requerem o uso das operações lógicas sobre os conceitos matemáticos de base. No entanto, existem certas incoerências na resolução dos problemas. Por outras palavras, são capazes de perseguir o objetivo secundário mas não conseguem atingir o objetivo principal do problema.

4. Formal precoce (16-20 pontos). Os alunos são capazes de determinar a grandeza relativa do aumento e da diminuição de rácios. São alunos que fazem grandes progressos na resolução dos problemas, mas cometem pequenos erros. Também são capazes de mostrar ligações entre variáveis, mas com pequenos erros na representação e na solução.

5. Formal tardio (21-25 pontos). Os alunos são capazes de reconhecer uma comparação entre o número de casos que confirmam e que não confirmam uma relação hipotética e o número total de casos. Estes são os alunos que têm sucesso na resolução dos problemas. Existe evidência suficiente da obtenção do padrão de raciocínio porque eles entendem e compreendem completamente os problemas.

Teste de desempenho em geometria. Trata-se de um questionário de 35 itens elaborado por um investigador que testa a capacidade intelectual dos alunos em Geometria. Os resultados do teste de fiabilidade deste instrumento revelaram um valor alfa de Cronbach de 0,927, o que sugere que o referido instrumento é muito fiável. A descrição mostra claramente que todos os itens do instrumento foram retirados de questionários de investigação anteriores. A pontuação percentual será utilizada e calculada da seguinte forma:

Percentagem = (rs/ts) x 50 + 50.

onde:

rs - pontuação bruta

ts - pontuação total (35)

CAPÍTULO 16

Procedimentos de recolha de dados

Foram utilizados os seguintes procedimentos na recolha de dados:

Durante a defesa da proposta, o investigador procurou obter a aprovação do comité consultivo para realizar a investigação.

Após a aprovação, foi preenchida uma carta de aprovação com informações básicas e depois enviada ao reitor da Graduate School para aprovação.

Após a aprovação do comité consultivo, a proposta de título da dissertação foi apresentada a este comité para garantir a viabilidade do trabalho.

Os questionários foram validados e submetidos a um teste-piloto de fiabilidade. Depois de comprovada a sua fiabilidade, o investigador aplicou os questionários aos inquiridos. Os questionários foram distribuídos aos alunos e o objetivo e as instruções foram cuidadosamente lidos e explicados pelo investigador.

Foi efectuado um programa de entrevistas e uma observação das aulas para validar os dados recolhidos através dos questionários. O investigador recolheu, analisou e interpretou os dados utilizando as ferramentas estatísticas adequadas.

CAPÍTULO 17

Técnicas estatísticas

Estas são as ferramentas estatísticas utilizadas para analisar e interpretar os dados.

Foram utilizadas a frequência e a percentagem para descrever o perfil demográfico dos estudantes.

Para determinar os níveis de desenvolvimento cognitivo e as atitudes dos alunos utilizando o esquema de Perry, a teoria de Piaget e os níveis de pensamento de van Hiele, foi utilizada a média.

A análise de variância foi utilizada para comparar os níveis de desenvolvimento cognitivo quando agrupados de acordo com a idade, o género e o curso.

A correlação produto-momento de Pearson (r) foi utilizada para determinar a relação entre os níveis de desenvolvimento cognitivo utilizando a teoria de Piaget e o nível de pensamento de van Hiele e os resultados dos alunos em matemática.

Para determinar qual a teoria e os níveis cognitivos que melhor predizem os resultados dos alunos em matemática, em particular em geometria, foi utilizada a análise de regressão múltipla por etapas.

CAPÍTULO 18

APRESENTAÇÃO, ANÁLISE E INTERPRETAÇÃO DOS DADOS

Neste capítulo, são apresentados os resultados do estudo e as discussões exaustivas das conclusões. As conclusões são apresentadas com base nos seguintes subtítulos, nomeadamente; Perfil dos Estudantes Universitários, Nível de Desenvolvimento Cognitivo dos Estudantes Universitários com base nos Níveis de Pensamento de Van Hiele e na Teoria das Operações Concretas e Formais de Piaget, Nível de Realização dos Estudantes Universitários em Geometria, Atitudes dos Estudantes em relação à Geometria, Diferenças Significativas nos Níveis de Desenvolvimento Cognitivo dos Estudantes quando agrupados de acordo com a Idade, o Género e o Perfil, Análise Post Hoc sobre a Diferença Significativa entre o Nível de Pensamento de Van Hiele e a Teoria das Operações Concretas e Formais de Piaget quando Agrupados por Idade, Género e Ano, Correlação entre os Níveis de Desenvolvimento Cognitivo e o Sucesso dos Alunos em Geometria, As Teorias dos Níveis de Desenvolvimento Cognitivo que Melhor Predizem o Sucesso dos Alunos em Geometria e as Diferenças nos Níveis de Desenvolvimento Cognitivo dos Alunos em Geometria.

CAPÍTULO 19

Perfil dos estudantes universitários

A tabela seguinte mostra o perfil demográfico dos estudantes universitários em termos de idade, género e nível de escolaridade. Conforme refletido na tabela 6, o perfil em termos de idade é categorizado em 3 escalões, nomeadamente: 16-17, 18-19 e 20 e mais anos. A categorização baseia-se no facto de a idade mais jovem envolvida no estudo ser 16 anos, enquanto a idade mais velha é 24 anos.

É evidente que a maior parte dos inquiridos pertence aos escalões etários dos 16-17 anos, com uma frequência de 50, o que representa 47,6% da população total. Este número não é surpreendente porque a maioria destes estudantes pertence ao primeiro e segundo anos.

Tabela 6. Perfil demográfico dos estudantes universitários

Profile		Frequency (N=105)	Percentage
	16-17	50	47.6
Age	18-19	38	36.2
	20 and up	17	16.2
	Male	28	26.7
Gender	Female	77	73.3
	First Year	45	43.8
	Second Year	32	29.5
Year Level	Third Year	10	9.5
	Fourth Year	18	17.1

Os escalões etários de 18-19 anos têm uma frequência de 38, o que corresponde a 36,2% dos inquiridos, enquanto os restantes 17 (16,2%) pertencem aos escalões etários de 20 anos ou mais.

Relativamente ao perfil de género, o grupo feminino tem o maior número de inquiridos, com uma frequência de 77, o que corresponde a 73,3% da totalidade. O grupo masculino, por outro lado, representa os restantes 26,7%, com uma frequência de 28.

Relativamente ao perfil por ano, o primeiro ano apresenta o número mais elevado de 64 (46,4%), seguindo-se o segundo ano com 46 (33,3%), o quarto ano com 18 (13,0%) e o terceiro ano com o menor número de participantes, com apenas 10, o que representa apenas 7,2% do total de participantes. A razão pela qual o nível do primeiro ano tem o maior número de inquiridos deve-se ao facto de este nível não ter ainda uma área de estudo específica, uma vez que esta só começará no nível do segundo ano.

CAPÍTULO 20

Identificação do Nível de Desenvolvimento Cognitivo de Estudantes Universitários em Geometria com base nos Níveis de Pensamento de Van Hiele

Na fase inicial do estudo, os estudantes universitários foram avaliados utilizando os quatro cenários de casos/critérios. Participaram no teste cerca de 105 estudantes universitários de matemática, dos quais 45 são do primeiro ano, 32 pertencem ao segundo ano, apenas 10 são do terceiro ano e 18 são do quarto ano. A Tabela 7 apresenta a repartição dos alunos que se enquadram no modelo de Van Hiele por caso ou critério, o que pode dar ao investigador uma ideia do caso/critério a utilizar para uma análise cuidadosa dos dados.

Tabela 7. Distribuição dos estudantes universitários que se enquadram nos modelos de Van Hiele por Caso/Critério

Case/Criterion Identification	Frequency	Percentage
C3 (Classic Case, 3 of 5 correct)	68	64.76%
C4 (Classic Case, 4 of 5 correct)	32	30.48%
M3 (Modified Case, 3 of 5 correct)	71	67.62%
M4 (Modified Case, 4 of 5 correct)	34	32.38%
Not Fit	20	19.05%

Como se pode ver na tabela anterior, 68 (64,76%) dos 105 estão classificados no caso clássico 3 de 5 corretos ou C3, 32 (30,48%) estão identificados no caso clássico 4 de 5 corretos ou C4, 71 (67,62%) pertencem ao caso modificado 3 de 5 corretos de M3, 34 (32,38%) estão classificados no M4 ou caso modificado, 4 de 5 corretos, enquanto 20 (19,05%) dos 105 não se enquadram no modelo de Van Hiele, pelo que não serão objeto de análise.

Com base nos resultados da distribuição dos estudantes universitários que se enquadram no modelo de Van Hiele, foi utilizado o M3 (caso modificado, 3 de 5 respostas corretas) para identificar os níveis de Van Hiele dos estudantes universitários, uma vez que este cenário de caso/critério permite analisar uma percentagem mais elevada dos inquiridos. O caso/critério utilizado pelo investigador é consistente com o caso/critério utilizado por Tan & Yebron (2009) no seu estudo dos níveis de Van Hiele de compreensão e realização em Geometria dos alunos do segundo ano do ensino secundário do Laboratório da Universidade Central de Mindanao.

A tabela seguinte mostra a frequência dos estudantes universitários em cada nível de desenvolvimento cognitivo, com base no modelo de Van Hiele, por nível de ano. A maioria dos inquiridos do primeiro ano e do segundo ano está classificada no nível 2 (pensamento analítico). De acordo com o modelo de Van Hiele, os alunos deste nível concentram-se explicitamente nas propriedades ou atributos da forma. Além disso, as provas matemáticas podem ser explicitamente mal compreendidas e não apreciadas neste nível específico.

Tabela 8. Frequência de estudantes universitários que se identificam com base no nível de pensamento de Van Hiele

	Frequency						
Year Level	Not Fit	Level 0	Level 1	Level 2	Level 3	Level 4	Total
First Year	8	11	21	4	1	0	45
Second Year	6	2	13	10	1	0	32
Third Year	2	1	2	2	3	0	10
Fourth Year	4	0	2	4	7	1	18
Overall	20	14	38	20	12	1	105

Por outro lado, a maior parte dos alunos do terceiro e quarto anos são identificados como sendo do nível 3, com pensamento dedutivo. Isto significa que as estruturas matemáticas da Geometria emergiram completamente para os alunos. Por conseguinte, são capazes de raciocinar dedutivamente no âmbito de estruturas matemáticas específicas, embora, em certo sentido, não se apercebam de que os diferentes axiomas produziriam um sistema diferente ou, eventualmente, um teorema diferente.

Dos 105 participantes no estudo, apenas um, que vem do quarto ano, ou seja, apenas 0,95%, atinge o nível 4 (pensamento rigoroso). Neste nível, o estudante aprecia a investigação de vários sistemas e é capaz de raciocinar da forma mais rigorosa dentro dos vários sistemas. Nenhum dos alunos, do primeiro ao terceiro ano, pensa de forma rigorosa. As conclusões foram apoiadas pelo estudo de Mateya (2008), segundo o qual a maioria dos participantes na sua investigação se encontra no nível de pré-reconhecimento e nos níveis 1 e 2 de Van Hiele. Isto implica ainda que os alunos que participaram no estudo estão a funcionar a um nível de pensamento geométrico que não se enquadra no seu currículo de matemática. Atebe & Schafer (2008) sugeriram que a aprendizagem e o ensino da Geometria no ensino secundário deveriam atingir o nível 4 de Van Hiele (dedução formal).

CAPÍTULO 21

Identificação dos Níveis de Desenvolvimento Cognitivo de Estudantes Universitários em Geometria com base nas operações concretas e formais de Piaget

A Tabela 9 mostra os níveis dos estudantes universitários identificados com base no Teste das Operações Lógicas de Piaget. Como se pode ver na tabela 6, dos 105 estudantes universitários, 3 (2,86%) foram classificados como pensadores operacionais concretos precoces. Estes estudantes são capazes de nomear e identificar conjuntos de objectos, mas não são capazes de ordenar as coisas.

Vinte e dois (22) deles, o que corresponde a cerca de 20,95 por cento, são pensadores operacionais concretos médios. São capazes de classificar as coisas de acordo com o seu tamanho, forma e aparência, mas não são capazes de identificar a relação que existe entre elas.

Além disso, 36 (34,29%) deles são classificados como pensadores operacionais concretos tardios. Estes alunos são capazes de reconhecer a relação entre várias coisas numa ordem serial, mas não são capazes de determinar a magnitude relativa dos rácios envolvidos no problema dado. Os pensadores operacionais concretos têm a capacidade de classificar objectos, ordenar coisas de forma ordenada e reconhecer relações entre entidades que são classificadas de acordo com as operações lógicas de classificação, seriação e transitividade.

Tabela 9. Identificação dos níveis dos estudantes universitários com base no teste de operações lógicas de Piaget

Operational Stage	Level	Logical Operation	Frequency	Percentage
1. Concrete Operational				
1.1 Early Concrete	1	Classification	3	2.86
1.2 Mid Concrete	2	Seriation	22	20.95
1.3 Late Concrete	3	Transitivity	36	34.29
2. Formal Operational				
2.1 Early Formal	4	Proportionality	39	37.14
2.2 Late Formal	5	Correlation	5	4.76
Total			N = 105	100%

No âmbito dos pensadores operacionais formais, estes são classificados em duas fases, nomeadamente: formais precoces e operacionais formais tardios. Há 39 estudantes universitários que são classificados como pensadores operacionais precoces. Estes alunos são capazes de determinar a magnitude relativa do aumento e da diminuição ou da razão, mas não são capazes de reconhecer a comparação entre o número de casos que confirmam e que não confirmam uma relação hipotética e o número total de casos.

De um total de 105 estudantes universitários, apenas 5 são classificados como pensadores formais operacionais tardios. Estes estudantes são capazes de raciocínio dedutivo e hipotético e têm a capacidade de formular hipóteses e responder a problemas de forma sistemática e lógica.

O resultado é consistente com o estudo de Leongson & Limjap (2002), que consideraram os resultados alarmantes porque a maioria destes alunos tem 17 anos ou mais e espera-se que tenham um desempenho ao nível operacional formal, no entanto, os resultados revelaram que os alunos mal foram identificados ao nível operacional concreto.

É evidente na tabela anterior que há cerca de 61 estudantes universitários, ou seja, aproximadamente 58,1%, classificados como pensadores operacionais concretos. De acordo com Piaget, os estádios operacionais concretos têm idades compreendidas entre os 7 e os 11 anos. No entanto, estes estudantes, que são os inquiridos do estudo, têm idades compreendidas entre os 16 e os 24 anos.

Isto mostra que muitos inquiridos não realizam as tarefas esperadas para os seus escalões etários. Esta pode ser a razão pela qual a maioria dos estudantes não consegue realizar as tarefas matemáticas e acaba por fracassar em matemática.

Shayer e Wylam (1978) testaram 1200 crianças britânicas de quinze a dezasseis anos do ensino básico e secundário e concluíram que menos de 15% dos sujeitos apresentavam indícios de pensamento operacional formal. Ehindero (1979) aplicou tarefas de orientação piagetiana a uma amostra de estudantes de biologia "brilhantes" da terceira classe no Estado de Oyo, na Nigéria, e os resultados revelaram que cerca de 40% dos sujeitos demonstraram a realização de operações formais.

CAPÍTULO 22

Nível de desempenho dos estudantes universitários em geometria

A Tabela 10 apresenta o nível de desempenho dos estudantes universitários em Geometria. Como se pode ver na tabela, apenas 8 estudantes obtiveram classificações entre 90 e 94, o que representa 7,62% do total dos inquiridos. Dezasseis (16) alunos, ou seja, apenas 15,24%, obtiveram classificações entre 85 e 89, cujas classificações são descritas como satisfatórias. Um número razoável de estudantes que chegou mesmo aos 37 (35,24%) que obtiveram classificações entre 80-84.

Tabela 10. Nível de desempenho dos estudantes universitários em Geometria

	Performance in Geometry			
	Scores	Frequency	Percentage	Description
	90 – 94	8	7.62	Good
	85 – 89	16	15.24	Satisfactory
	80 – 84	37	35.24	Fair
	75 – 79	16	15.24	Needs Improvement
	74 and below	28	26.66	Failed
Average	**79**			**Needs Improvement**

Dos 105 participantes, 16 (26,66%) obtiveram pontuações percentuais que variam entre 75 e 79. A gama de pontuações é descrita como necessitando de ser melhorada. Significa que os estudantes precisam de actividades de aperfeiçoamento que os ajudem a melhorar as suas notas.

Além disso, um número bastante alarmante de 28 alunos, que representam 26,66% de toda a população, e ainda mais surpreendente é o facto de terem obtido classificações que são descritas como "chumbos". Estes alunos obtiveram classificações que variam entre 74 e menos.

A média global é de 79, o que é qualitativamente descrito como "precisa de ser melhorado".

O resultado implica que o desempenho dos estudantes universitários em Geometria é fraco e, por isso, o professor deve procurar formas de encontrar um remédio distinto para resolver este problema.

Os resultados revelaram que a aprendizagem e o ensino da Geometria se centram principalmente nos níveis 1 e 2 de Van Hiele, com uma pequena quantidade de trabalho de Geometria a ser feito no nível 3.

Na opinião de Mateya (2008), os conteúdos de Geometria na fase final do ensino secundário na Namíbia são aprendidos e ensinados em níveis de Van Hiele inferiores ao nível 4 de Van Hiele. Consequentemente, os alunos do 12º ano na Namíbia não são compatíveis com os alunos do 12º ano noutros países no que diz respeito aos conhecimentos de Geometria. Usiskin (1982) afirmou que a maioria dos estudantes do ensino secundário se encontra no primeiro nível de desenvolvimento em Geometria, em que o nível mais elevado de Van Hiele proposto para o pensamento geométrico é o nível 3.

Images (2007) explicou que dar uma aula de Geometria a um nível de Van Hiele quando os alunos estão a funcionar a um nível inferior pode dificultar a aprendizagem dos alunos. Teppo, citado por Mateya (2008), defende que não se pode esperar que os alunos que se encontram em níveis inferiores de pensamento compreendam as instruções que lhes são apresentadas num nível superior de pensamento. Isto implica que o professor deve ser criativo e deve utilizar uma instrução diferenciada para satisfazer as necessidades de todos os seus alunos.

CAPÍTULO 23

Atitude dos alunos em relação à geometria

O National Council of Teachers of Mathematics (NCTM) (2000) sublinhou o papel da Geometria no desenvolvimento das capacidades de raciocínio e justificação dos alunos, que devem compreender que uma parte da beleza da Matemática é o facto de que, quando acontecem coisas interessantes, é normalmente por uma boa razão. A geometria escolar permite que os alunos desenvolvam a capacidade de compreender outros conceitos matemáticos e de ligar ideias em diferentes áreas da matemática. Assim, a disciplina de Geometria é considerada uma área muito importante no currículo da matemática.

No entanto, os resultados do estudo sobre a identificação dos níveis de desenvolvimento cognitivo com base nos níveis de pensamento de Van Hiele revelaram que a compreensão geométrica dos inquiridos não está ao nível que se espera deles. De acordo com Van Hiele, não se pode esperar que os alunos provem teoremas geométricos até que tenham construído uma compreensão alargada dos sistemas de relação entre ideias geométricas.

Apesar da importância relativa da Geometria e dos esforços colectivos dos educadores matemáticos, é muito dececionante constatar que o desempenho dos alunos na disciplina continua a ser consistentemente fraco (Adolphus, 2011). Isto deve-se ao facto de a Geometria ainda ser ensinada como na velha escola, onde o papel do professor é apenas introduzir os conceitos geométricos, os processos e os teoremas no quadro, sem envolver os alunos no processo de aprendizagem. Gfeller (2005) sublinhou que a maioria dos alunos não foi capaz de ver a importância da Geometria na sua vida quotidiana e não percebeu as razões para fazer provas geométricas.

O professor deixa os alunos memorizarem os conceitos sem passarem por uma experiência de aprendizagem que lhes permita perceber a importância do assunto na sua vida real. Sun e William (2003) citam a importância da visão construtivista da aprendizagem na aquisição de conhecimentos que requerem problemas centrados no aluno, orientados para objectivos, dirigidos para a atividade e para a vida real, a fim de encontrar soluções significativas. Ao fazê-lo, será então aplicado metaforicamente ao mental (uma atitude mental), do qual os indicadores metafóricos foram eliminados, deixando simplesmente a atitude como uma orientação mental (Esra, 2006).

Ajzen (1988) definiu a atitude como uma disposição para responder favoravelmente ou desfavoravelmente a um objeto, pessoa, instituição ou evento particular. Pickens, citado por Abdelfatah (2010), foi além da simples visão das atitudes e esclareceu que a atitude pode ajudar a definir a forma como os alunos vêem as diferentes situações, como se comportam nessas situações e reflectem os seus sentimentos, pensamentos e acções.

Tal como citado por Bergeson, Fitton e Bylsma (2000), os alunos desenvolvem uma atitude positiva em relação à matemática quando a consideram útil e interessante. Do mesmo modo, os alunos desenvolvem atitudes negativas em relação à matemática quando não se saem bem ou consideram a matemática interessante. O desenvolvimento de atitudes matemáticas positivas está ligado ao envolvimento direto dos alunos em actividades que envolvem tanto a matemática de qualidade como a comunicação com outros significativos numa comunidade claramente definida, como a sala de aula.

O investigador realizou uma entrevista aos participantes selecionados que pertencem a determinados níveis de pensamento de Van Hiele e conseguiu extrair informações relevantes sobre as suas atitudes em relação à aprendizagem da Geometria. Estas atitudes são caraterísticas e traços comuns daqueles que foram identificados em tais níveis.

Atitudes comuns dos alunos identificados Nível 0 - Holístico

De acordo com Van Hiele, os alunos deste nível raciocinam sobre conceitos geométricos, como uma forma simples, principalmente através de considerações visuais sem pensar explicitamente nas propriedades dos seus componentes. Reconhecem apenas a aparência das figuras, mas não são capazes de associar estas caraterísticas para ter uma visão geral da forma.

Durante a entrevista, quando lhes foi pedido que dissessem alguma coisa sobre matemática, os pensadores de nível 0 já tinham a noção de que a matemática é uma disciplina muito difícil, razão pela qual a detestam. Quando ficam a saber que o curso que estão a frequentar exige algumas unidades de matemática, normalmente não se sentem entusiasmados e não têm outra opção senão aceitar porque faz parte do seu currículo. Sentem-se intimidados, cansados e até mesmo entusiasmados, mas não têm entusiasmo nem energia para fazer tarefas de matemática. Quando recebem uma má nota a matemática, acham que é normal e planeiam inscrever-se novamente no semestre seguinte. Também se sentem bem ao receberem uma má nota, desde que sejam aprovados. Dizem que o governo só precisa de 75%.

No que diz respeito à reação dos pais quando recebem más notas, os pais criticam-nos e aceitam o destino dos seus filhos em matemática. Alguns dizem que os pais nem sequer se preocupam em saber o seu desempenho em matemática.

Quando lhes é pedido que resolvam problemas de matemática, têm a perturbação psicológica de sentir que a cabeça lhes está a partir porque não sabem como responder. A maior parte deles também se sente pressionada porque também sabe que não consegue responder.

Estes grupos de estudantes deste nível são aprendizes passivos em matemática, particularmente em geometria. Não conseguem encontrar qualquer relevância para o domínio que escolheram. Alguns deles afirmaram que a única coisa que a matemática lhes pode fazer é tornar a vida dos seus alunos miserável. Quando questionados sobre a sua atitude depressiva em relação à matemática, a maioria remonta às suas experiências negativas na aprendizagem da matemática quando estavam no ensino básico e secundário. A maior parte deles sofria de ansiedade em relação à matemática. Tapia e Marsh (2004) classificaram a ansiedade e a confiança como autoconfiança e concluíram que os alunos com baixa autoconfiança ficam nervosos com a aprendizagem da geometria, acham a geometria difícil, sentem que são fracos em geometria e preocupam-se mais com a geometria. Esta pode ser também a razão pela qual não tencionam inscrever-se numa licenciatura em matemática. A maioria destes pensadores de nível O identificados são estudantes do primeiro ano que não se concentram numa disciplina específica, porque isso só começará quando chegarem ao segundo ano da faculdade.

Kishor (1997) também descobriu que muitas crianças começam a escolaridade com atitudes positivas em relação à matemática, no entanto, estas atitudes tendem a tornar-se menos positivas à medida que as crianças crescem, e frequentemente tornam-se negativas no ensino secundário.

Atitudes comuns dos alunos identificados Nível 1 - Analítico

Teppo, citado por Mateya (2008), afirma que os alunos deste nível começam a identificar as propriedades das formas e aprendem a utilizar o vocabulário adequado relacionado com as propriedades, mas não estabelecem ligações entre as formas e as suas propriedades. Isto significa que os alunos só são capazes de se concentrar em todas as formas de uma turma e que, eventualmente, as caraterísticas irrelevantes se tornam menos importantes. Isto implica ainda que as propriedades são consideradas como entidades separadas e não podem ser combinadas para descrever uma forma e uma figura específicas.

A atitude dos alunos deste nível é semelhante à dos alunos identificados como pensadores de nível 0. A maioria deles afirma que a matemática não é o seu domínio. Não têm outra opção senão entrar na aula de matemática, tal como prescrito no seu currículo. Consideram a Geometria como uma disciplina menor, tal como a Educação Religiosa e a Educação Física. Não conseguem ver a relevância da referida disciplina porque não encontram uma utilização concreta na carreira que escolheram. A maior parte deles tem dúvidas quanto à aprovação na disciplina e está mesmo disposta a receber notas negativas. Dizem que não têm nada a fazer senão cruzar os dedos para passar na disciplina. Se não conseguirem passar na primeira tentativa, estão dispostos a repetir a disciplina até os professores se cansarem de os ter na turma.

Quando lhes foi pedido que dissessem alguma coisa sobre matemática, disseram que a matemática é difícil porque é puro cálculo. Não compreendem alguns problemas de matemática, o que os pode levar a obter más notas.

Quando souberam que o curso que estão a frequentar exige unidades de matemática, ficaram bastante receosos de entrar na aula porque sabem que não são bons a matemática. Também têm medo e sentem-se desafiados porque a matemática é o seu ponto fraco. Não ficam entusiasmados e até tremem quando vão às aulas de matemática.

Aceitam facilmente a nota que recebem, seja ela de aprovação ou de reprovação. Se chumbarem, perguntam ao professor a razão e sentem medo de serem repreendidos pelo professor.

No que diz respeito à reação dos pais quando têm más notas, normalmente os pais não se preocupam muito com o seu desempenho em matemática. Além disso, os pensadores de nível 1 sentem-se nervosos quando resolvem problemas de matemática, porque acham que é realmente difícil de compreender.

Tal como citado por Bergeson, Fitton e Bylsma (2000), os alunos desenvolvem uma atitude positiva em relação à matemática quando a consideram útil e interessante. Da mesma forma, os alunos desenvolvem atitudes negativas em relação à matemática quando não se saem bem ou consideram a matemática desinteressante.

Atitudes comuns dos alunos identificados Nível 2 - Ordenação

Os alunos deste nível, de acordo com Feza & Webb (2005), relacionam logicamente propriedades ou regras previamente descobertas, dando ou seguindo argumentos informais, tais como desenhar, interpretar, reduzir e localizar posições. Começam a ver como uma figura pode ser caracterizada por nomes diferentes e uma referência comum. As implicações lógicas e as inclusões de classe são compreendidas, mas não o papel e o significado da dedução.

Os alunos identificados neste nível consideram que a disciplina é importante para a área que escolheram. Segundo eles, a Geometria é oferecida no seu currículo para os ajudar a desenvolver o seu raciocínio lógico. A maior parte deles está consciente da importância de aprender Geometria. Estão também familiarizados com os diferentes teoremas e propriedades das diferentes figuras, mas a compreensão da importância da dedução pode parecer-lhes difícil. Têm pouco apreço pelo tema porque, na maior parte das vezes, deparam-se com representações de números e caracteres que não lhes são familiares.

Os pensadores de nível 2 entendem a matemática como um estudo de números e padrões. Compreendem que a disciplina tem mais a ver com a resolução de problemas. As suas percepções da matemática parecem ser diferentes das dos pensadores de nível 0 e de nível 1, porque estes últimos têm uma perceção negativa da matemática.

Quando souberam que o curso que estão a frequentar exige algumas unidades de matemática, ficaram "bastante entusiasmados, mas não totalmente", como citam textualmente. Não estão totalmente entusiasmados porque disseram que o curso só está reservado aos que são bons em matemática. Alguns deles sentem-se nervosos porque não se interessam pela matéria sempre que realizam tarefas matemáticas.

Quando questionados sobre o que sentem quando obtêm más notas, os pensadores de nível 2 têm a reação passiva de chorar e vão beber com os amigos para escapar à frustração, mesmo que seja por um curto período de tempo.

No que diz respeito à reação dos pais quando recebem más notas, consideram que a reação é justa e não dura, porque os pais compreendem a sua dificuldade em matemática, pois também sentiram o mesmo quando estavam no ensino superior.

Os pensadores de nível 2 têm este sentimento de emoções mistas quando lhes é pedido que resolvam problemas de matemática, especialmente no quadro. Sentem-se tão nervosos porque não têm a certeza de obter a resposta correta e, ao mesmo tempo, entusiasmados quando conseguem responder. Bandura (1997) concluiu que os alunos podem ter um desempenho fraco porque não têm as competências ou porque têm as competências mas não têm a perceção da eficácia pessoal para as utilizar.

Atitudes comuns dos alunos identificados Nível 3 - Dedução

Siyepu (2005) descreveu a dedução como um processo de raciocínio através do qual se conclui algo a partir de factos conhecidos ou da própria observação. Os alunos deste nível compreendem o significado da dedução e o papel dos postulados, axiomas, teoremas e provas. Schafer e Atebe (2008) referem que os alunos devem ser capazes de explicar a razão dos passos de uma prova e também de construir a sua própria prova, minimizando a necessidade de aprendizagem mecânica.

Os pensadores de nível 3 têm um espírito aberto. Quando lhes é pedido que digam algo sobre a matemática, consideram que a disciplina é boa, mas que os alunos só precisam de perseverança para resolver certos problemas. A matemática pode tornar-se mais difícil se eles se condicionarem a pensar que a matemática é difícil.

Ao falarem sobre o que sentiram quando souberam que o curso em que se estavam a inscrever exigia algumas unidades de matemática, sentiram o mesmo que quando se inscreveram noutras disciplinas. Isto significa que não encontraram qualquer diferença entre as disciplinas de matemática e as outras disciplinas.

Normalmente, os pensadores de nível 3 perdem a sua auto-confiança quando obtêm uma má classificação. A atitude dos alunos deste nível é interessante. Disseram que gostam de Geometria, mas a Geometria, por si só, não lhes agrada. Estão interessados em provar certos conceitos geométricos, mas não conseguem fazê-lo com sucesso, porque dependem de memorizar os diferentes teoremas, postulados e corolários que, mais tarde, não conseguem prosseguir, pois normalmente esquecem-se deles. Não conseguem apresentar as suas próprias justificações da forma como compreendem os conceitos. Embora se tenham inscrito num curso de matemática, falta-lhes confiança para lidar com provas geométricas.

A maior parte dos alunos identificados neste nível prefere aderir a outros com a mesma capacidade intelectual, porque afirmam que a ideia de um é necessária para completar a do outro, de modo a que possam ser bem sucedidos. A maior parte deles está disposta a ajudar os outros que têm dificuldade em compreender a Geometria. Não têm a certeza das suas respostas, mas o facto de serem capazes de estender os braços a quem precisa, deixa-os felizes. A maior parte das pessoas que precisam deles são os alunos que vêm de outros cursos. Por isso, são habitualmente referidos quando se precisa de conhecimentos de matemática.

Abu-Hilal (2000) verificou que as percepções dos alunos relativamente à importância da matemática exerciam um efeito significativo na realização e que a realização em matemática aumentava o autoconceito.

Atitudes comuns dos alunos identificados Nível 4 - Rigor

Este é o nível mais elevado de pensamento na teoria de Van Hiele. De acordo com este nível, os alunos podem trabalhar em diferentes sistemas geométricos ou axiomáticos e, muito provavelmente, estariam inscritos num curso de Geometria de nível universitário (Teppo, 1991). Hoffer, citado por Mateya (2008), explicou que os estudantes deste nível compreendem a importância da precisão ao lidar com fundamentos e inter-relações entre estruturas.

Neste nível, o interesse dos alunos pela matemática é mais intenso do que nos níveis inferiores. São logicamente avançados em comparação com os alunos identificados nos níveis inferiores. Conseguem obter facilmente as provas sem depender muito dos teoremas, axiomas e postulados dados. Basicamente, baseiam-se naquilo que compreenderam e adquiriram das suas leituras. Fisicamente, estes alunos têm um ar nerd e infeliz. Essa é uma das razões pelas quais os outros raramente se aproximam deles para pedir ajuda. São normalmente vistos na biblioteca. Mantêm-se ocupados a responder a problemas difíceis colocados nos exercícios que se encontram nos livros. São alunos que levam os estudos muito a sério e fazem tudo em conformidade.

A maior parte destes alunos fica normalmente à espera que os outros peçam ajuda. Quando lhes é dado um teste de matemática, são os primeiros a terminar e os últimos a entregar os trabalhos ao professor. Certificam-se de que o que entregam são realmente as respostas corretas. Quando não têm a certeza das respostas, são alunos que discutem as suas respostas mesmo fora da sala de aula com os colegas. Quando encontram respostas diferentes, sentam-se, assentam e resolvem os problemas.

Vários estudos demonstraram que as atitudes positivas estão associadas a um bom desempenho (Schreiber, 2000). Vários investigadores revelaram que existe uma correlação significativa entre a atitude e o desempenho (Papanastasiou, 2002). No entanto, não se pode concluir que uma atitude positiva provoca sempre um bom desempenho em matemática. Scott (2001) referiu que, embora exista uma relação entre a atitude e a realização, esta relação não deve ser considerada definitiva. Kiely (1990) mostrou que, em média, um pequeno número de alunos que não eram suficientemente bons em matemática obtiveram pontuações elevadas no teste de atitude

A Tabela 11 revela as respostas orais dos estudantes universitários identificadas em cada nível de pensamento de Van Hiele por pergunta durante a realização da discussão do grupo de discussão. Isto foi feito para extrapolar informação relevante sobre a sua atitude distinta e como se comportam na maioria das aulas de matemática. Estes alunos foram selecionados de entre os 105 inquiridos e já foram identificados quanto ao nível de Van Hiele a que pertencem. Foram escolhidos cinco (5) representantes de cada nível, de 0 a 3, para participarem no referido grupo de discussão. Apenas um (1) dos entrevistados representava o nível 4 de Van Hiele, uma vez que se tratava apenas dos alunos que atingiram o nível 4.

Tabela 11. Respostas orais dos estudantes universitários identificados em cada nível

Questions	Responses of the College Students at Each Level				
	Level 0	Level 1	Level 2	Level 3	Level 4
Q1. What can you say about Math?	- I hate math subject. It's so hard, I can't understand its concept -It's so difficult Math is a very difficult subject -I can't find any relevance to my field.	-difficult but not so -it's pure calculation -I don't understand some problems	-it's a study of numbers and pattern -it's about problem solving	If you're pre-occupied that math is difficult, then it's difficult -math is good but you need to persevere to solve problems	-pretty much easy to understand -math is everywhere. You can encounter it everyday of your life. -I like math
Q2. What did you feel when you learn that the course you are pursuing requires some units in math?	-I'm not excited -I am intimidated -tired and excited but not enthusiastic, not energetic -I'm pressured coz I'm not good in math -I hate math -I have no choice	-Quite afraid coz I'm not good in math -a little bit afraid -feel challenged coz math is my weakness -I'm not excited coz I'm trembling	-Advanced thinking if I can't make it -nervous coz I'm not that interested -pretty much excited but not totally excited	-Same feeling when enrolling other subject. - I feel normal coz that's usually my subject.	-I'm not surprise coz I'm already aware that ma course requires more units in math. -I am happy coz without boasting I like math -excited coz I like math
Q3. How do you feel when you get poor grade I math?	-I feel normal, anyway, I can still enroll it next sem -it's ok as long as it is passing	- I used to ask my teacher why but afraid coz he/she might scold me. -just accept and study next sem	-I cry and drink. -it's ok as long as it is 75 -that's actually my grade.	– Thanks God I did not experience it -I lost my confidence an interest	-Frustrated, that's not good -I can't accept it -I reflect when I get poor grade
Q4. How do your parents react when you get poor grade?	-They accept my grade whether it is failed. They do not criticize me and they do not even hear my performance in math.	They do not care as long as it is passing	-Both my parents are not good in math but they believe my capacity to pass so I strive harder	-they criticize me by motivating positively	-my parents trust me 100% percent
Q5. What do you feel when you solve math problems?	I feel like my head is cracking coz I don't know how to answer	-I feel nervous coz math for me is difficult --it made me pressured coz I know I can't answer it	-Mixed emotions, feeling nervous and excited	-I feel nervous coz I expect to have a better grade	-relaxed coz I am confident I can solve math problems

CAPÍTULO 24

Diferença significativa nos níveis de pensamento de Van Hiele quando agrupados Agrupados por Idade, Género e Nível de Ano

O Quadro 12mostra a diferença significativa nos Níveis de Pensamento de Van Hiele dos estudantes universitários quando agrupados de acordo com a idade, o género e o ano de escolaridade.

Como se pode ver no quadro anterior, o valor F do perfil etário em relação aos níveis de pensamento de Van Hiele dos estudantes universitários é de 9,485, com um valor de probabilidade de 0,000. O resultado leva à rejeição da hipótese nula. Isto significa que existe uma diferença significativa no nível de pensamento de Van Hiele quando os inquiridos são agrupados de acordo com os escalões etários.

Como se pode ver na tabela anterior, o valor F do perfil etário em relação aos níveis de pensamento de Van Hiele dos estudantes universitários é de 9,485, com um valor de probabilidade de 0,000. O resultado leva à rejeição da hipótese nula de que não há diferença significativa nos níveis de pensamento de Van Hiele quando agrupados de acordo com a idade, o género e o ano de escolaridade.

Isto implica que existe uma diferença significativa no nível de pensamento de Van Hiele quando os inquiridos são agrupados de acordo com os escalões etários. Os inquiridos com idade igual ou superior a 20 anos têm uma média mais elevada de 12,55, em comparação com os de 18-19 anos, com uma média de 10,72, e os de 16-17 anos, com uma média de 8,71 pontos.

Os valores indicam que os alunos com idades a partir dos 20 anos têm um melhor desempenho em Geometria do que os outros dois escalões etários. As conclusões são bastante óbvias, porque estes alunos são normalmente provenientes do terceiro e quarto anos. A sua maturidade no que diz respeito à compreensão da matemática já está estabelecida pelo facto de estarem expostos a diferentes competências matemáticas ao atingirem os níveis mais elevados do seu ensino superior.

Tabela 12. Diferença significativa nos níveis de pensamento de Van Hiele quando agrupados de acordo com os níveis de idade, género e ano

Profile	Van Hiele's Levels of Thinking			
	N	Mean	T/F-value	p-value
Age (in years):			9.485	.000
16 – 17	31	8.71		
18 – 19	29	10.72		
20 and up	11	12.55		
Gender:			4.300	.000
Male	21	11.24		
Female	50	9.66		
Year Level			9.650	.000
First Year	26	8.92		
Second Year	24	9.25		
Third Year	7	13.14		
Fourth Year	14	12.36		

No que diz respeito ao perfil do género em relação aos níveis de pensamento de Van Hiele, o valor T é de 4,300 com um valor p de 0,042. O valor indica que a hipótese nula de que não há diferença significativa nos níveis de pensamento de Van Hiele quando agrupados de acordo com o género é rejeitada. Isto implica que existe uma diferença significativa entre os homens e as mulheres nos níveis de pensamento de Van Hiele. O grupo masculino tem uma classificação média de 11,24 no teste de Geometria de Van Hiele, enquanto o grupo feminino obtém uma classificação média de 9,66. Os resultados mostram que o grupo masculino tem um melhor desempenho no teste do que o grupo feminino. Os resultados vão ao encontro da perceção de um dos entrevistados, que afirmou que os homens têm um melhor desempenho em matemática do que as mulheres porque são pensadores lógicos inatos.

Muitos resultados de investigação na Nigéria mostraram que os rapazes têm um melhor desempenho do que as raparigas em Geometria, apesar de serem colocados na mesma situação na sala de aula (Etukudo, 2002). Isto é contrário ao estudo efectuado por Agwagah (1993), que refere que as alunas têm um desempenho significativamente melhor do que os seus colegas do sexo masculino. O estudo também concordou com as afirmações de que a diferença de género pode existir, mas um bom método deve ser capaz de neutralizar a diferença. No entanto, o estudo de Achor et. al (2010) revelou que os resultados fornecem provas empíricas de que o desempenho em Geometria depende do método de ensino adotado e não é influenciado pelo género.

No perfil do nível do ano em relação à diferença no nível de pensamento de Van Hiele dos estudantes universitários, obtém-se um valor p de 9,650, o que leva à rejeição da hipótese nula de que não há diferença significativa no nível de pensamento de Van Hiele quando agrupados de acordo com o nível do ano. O resultado mostra uma diferença significativa nos níveis de pensamento de Van Hiele quando os inquiridos são agrupados de acordo com o nível do ano. Como mostra a tabela anterior, os estudantes do primeiro ano têm uma classificação média no teste de Geometria de Van Hiele de 8,92, uma classificação média de 9,25 para os estudantes do segundo ano e 13,14 e 12,36 classificações médias obtidas pelos estudantes do terceiro e quarto anos, respetivamente. O resultado médio indica que os alunos do terceiro ano têm um melhor desempenho no teste em comparação com os outros anos.

Genz (2006) realizou um estudo para determinar a compreensão geométrica dos alunos de geometria do ensino secundário utilizando os níveis de Van Hiele e revelou que os alunos não estavam adequadamente preparados para compreender os conceitos de geometria, tal como foram apresentados no curso de geometria do ensino secundário e consideraram que os níveis de raciocínio em geometria são hierárquicos.

Fuys, Geddes e Tischler (1988) salientaram que um aluno tem de percorrer os níveis consecutivamente, caso contrário não será capaz de realizar tarefas geométricas. Concordam que é importante seguir a ordem dos níveis da teoria de Van Hiele em Geometria.

Mayberry, como citado por Mateya (2008), descobriu que os sujeitos do seu estudo que tinham feito Geometria no ensino secundário estavam abaixo do nível 4. A sua conclusão reforçou a noção de que os níveis de pensamento de Van hiele são hierárquicos por natureza.

De acordo com Van Hiele (1986), o processo de ensino chega ao fim com esta fase final, indicando que os alunos atingiram um novo nível de pensamento e aumentaram o seu nível de pensamento na nova matéria. Isto significa que o aluno resume tudo o que aprendeu sobre o assunto, reflecte sobre as suas acções e obtém uma visão geral de toda a rede ou campo que foi explorado (Fuys, et al., 1988).

CAPÍTULO 25

Análise Post Hoc da diferença significativa nos níveis de pensamento de Van Hiele quando agrupados de acordo com a idade e o ano de escolaridade, utilizando o teste HSD de Tukey

Tabela 13 apresenta o teste post hoc na ANOVA que é concebido para situações em que o teste F omnibus significativo já foi obtido. Este tem um fator que consiste em três ou mais médias e é necessária uma exploração adicional das diferenças entre as médias para fornecer informações específicas sobre quais as médias que são significativamente diferentes umas das outras. O efeito do género pode ser interpretado diretamente, uma vez que existem apenas dois níveis dos factores: masculino e feminino.

Tabela 13. Análise Post Hoc sobre a diferença significativa nos níveis de pensamento de Van Hiele quando agrupados de acordo com a idade e o ano, usando o teste HSD de Tukey

Profile	Mean Difference	Std. Error	Sig.
Age (in years):			
16 – 17 and 18 -19	2.0145	.6451	.008
16 – 17 and 20 and up	3.8358	.8763	.000
18 – 19 and 20 and up	1.8213	.8842	.107
Year Level:			
First Year and Second Year	.3269	.7068	.967
First Year and Third Year	4.2198	1.0632	.001
First Year and Fourth Year	3.4341	.8277	.001
Second Year and Third Year	3.8929	1.0726	.003
Second Year and Fourth Year	3.1071	.8397	.003
Third Year and Fourth Year	.7857	1.1559	.904

Tal como revelado na tabela anterior, existem diferenças significativas nos níveis de pensamento de Van Hiele entre os escalões etários de 16-17 anos e 18-19 anos e os escalões etários de 16-17 anos e 20 anos ou mais, com valores de probabilidade de 0,008 e 0,000, respetivamente.

Os resultados também mostram que não há diferença significativa nos níveis de pensamento de Van Hiele entre os escalões etários de 18-19 anos e 20 anos ou mais. Isto implica que os dois escalões etários têm os mesmos níveis de pensamento de Van Hiele.

Isto corrobora o estudo de Achor et al (2010), que revelou que os resultados fornecem provas empíricas de que os resultados em Geometria dependem do método de instrução dado pelos professores e não são influenciados pela diferença de género.

CAPÍTULO 26

Diferença significativa na teoria das operações concretas e formais de Piaget quando agrupados segundo a idade, o género e o ano de escolaridade

A Tabela 14 apresenta a diferença significativa na Teoria de Piaget sobre as Operações Concretas e Formais quando agrupadas de acordo com a idade, o género e o ano de escolaridade.

Tabela 14. Diferença Significativa na Teoria das Operações Concretas e Formais de Piaget
Operações Concretas e Formais de Piaget quando agrupadas segundo a Idade, o Género e o Ano de Escolaridade

Profile	Piaget's Concrete and Formal Operations			
	N	Mean	T/F-value	p-value
Age (in years):			6.319	.003
16 – 17	31	12.94		
18 – 19	29	15.83		
20 and up	11	17.82		
Gender:			.137	.713
Male	21	15.19		
Female	50	14.74		
Year Level			13.887	.000
First Year	26	11.46		
Second Year	24	15.42		
Third Year	7	18.29		
Fourth Year	14	18.59		

Os resultados revelam uma diferença significativa entre os escalões etários no que respeita à sua classificação no Teste das Operações Lógicas de Piaget. De facto, os alunos a partir dos 20 anos têm um melhor desempenho, com uma classificação média de 17,82, do que os alunos dos escalões etários dos 18-19 anos e dos 16-17 anos, com classificações médias de 15,83 e 12,94, respetivamente.

No perfil de género, o grupo masculino tem uma classificação média de 15,19, enquanto o grupo feminino tem 14,74. O valor F é de 0,137, com um valor p de 0,713. Isto leva à rejeição da hipótese nula. Os resultados implicam que não existe uma diferença significativa entre as operações concretas de Piaget e as operações formais de quando agrupadas em função do género. Isto implica ainda que ambos os géneros têm desempenhos iguais no Teste de Operações Lógicas de Piaget.

Em estudos realizados com alunos americanos de 13 e 14 anos, matematicamente dotados, as raparigas acreditam mais fortemente na neutralidade da matemática em relação ao género do que os rapazes (Fox et al., 1985). Os homens, mais do que as mulheres, consideram a matemática como uma atividade apropriada para os homens, estereotipando a matemática como um domínio masculino (Fennema, 1977).

No perfil do nível do ano, os alunos do quarto ano obtiveram a classificação média mais elevada de 18,57, enquanto os alunos do terceiro ano obtiveram 18,29. Os alunos do segundo ano obtiveram uma classificação média de 15,42, enquanto os alunos do primeiro ano obtiveram a classificação média mais baixa de 11,46. O valor F resultou em 13,887, o que deu um valor p de 0,000.

Este resultado tende a rejeitar a hipótese nula. Isto significa que existe uma diferença significativa nas operações concretas e formais de Piaget quando analisadas por ano. Isto significa ainda que os alunos do quarto ano têm um melhor desempenho no teste em comparação com os outros anos. As conclusões sugerem que o resultado se deve ao facto de, neste nível de ensino, os alunos se tornarem cada vez mais competentes e pensarem de forma mais abstrata do que concreta, o que implica a utilização de operações lógicas.

No entanto, o estudo de Leongson e Limjap (2002) revelou que a maior parte dos jovens de 17 anos que se espera que tenham um desempenho ao nível operacional formal tinham um pensamento proposicional e deveriam ter desenvolvido a sua capacidade de resolver problemas utilizando como ferramenta os padrões de raciocínio identificados. Deveriam ter adquirido e aprendido a estratégia de resolução de problemas utilizando os processos de pensamento envolvidos no teste das operações lógicas de Piaget.

CAPÍTULO 27

Análise Post Hoc da Diferença Significativa na Teoria das Operações Concretas e Formais de Piaget

Operações Concretas e Formais de Piaget quando agrupadas de acordo com a Idade e Níveis de ano utilizando o teste Tukey HSD

A Tabela 15 mostra a análise post hoc na ANOVA da diferença significativa na Teoria das Operações Concretas e Formais de Piaget quando agrupadas de acordo com os níveis de idade e ano usando o teste HSD de Tukey.

Tabela 15. Análise Post Hoc sobre a Diferença Significativa na Teoria das Operações Concretas e Formais de Piaget quando Agrupados de acordo com a Idade e os Níveis de Ano usando o Teste HSD de Tukey

Profile	Mean Difference	Std. Error	Sig.
Age (in years):			
16 – 17 and 18 -19	2.8921	.9661	.011
16 – 17 and 20 and up	4.8827	1.3124	.001
18 – 19 and 20 and up	1.9906	1.3242	.297
Year Level:			
First Year and Second Year	3.9551	1.0585	.002
First Year and Third Year	6.8242	1.5923	.000
First Year and Fourth Year	7.1099	1.2396	.000
Second Year and Third Year	2.8690	1.6063	.290
Second Year and Fourth Year	3.1548	1.2576	.069
Third Year and Fourth Year	.2857	1.7310	.998

Como se pode ver na tabela anterior, existem diferenças significativas na teoria das operações concretas e formais de Piaget entre as faixas etárias dos 16-17 anos e dos 18-19 anos e entre as faixas etárias dos 16-17 anos e dos 20 anos e mais, com valores de probabilidade de 0,011 e 0,001, respetivamente. No entanto, não há diferenças significativas na teoria das operações concretas e formais de Piaget entre os escalões etários dos 18-19 anos e dos 20 anos ou mais.

Esta conclusão implica que os dois escalões etários têm os mesmos níveis no teste das operações lógicas de Piaget. O estudo revelou a existência de uma relação significativa entre os níveis de desenvolvimento cognitivo e os resultados obtidos em Geometria. Este estudo implica que quanto mais elevado for o nível de desenvolvimento cognitivo do aluno, melhor será o seu desempenho em Geometria. Este facto está em conformidade com o estudo realizado por Leongson e Limjap (2004), segundo o qual, à medida que o indivíduo passa pelos quatro níveis cognitivos sucessivos de desempenho, a competência de raciocínio desenvolve-se progressivamente.

CAPÍTULO 28

Diferenças nos Níveis de Desenvolvimento Cognitivo dos Alunos em Geometria

O estudo centrou-se em duas teorias do desenvolvimento cognitivo, nomeadamente: a teoria das operações concretas e formais de Piaget e os níveis de pensamento de Van Hiele. Estas duas teorias são complementares até certo ponto, porque ambas incluíram um estudo sobre a aprendizagem e o ensino da Geometria e ambas postulam alguma forma de estrutura hierárquica. Ambas as teorias propõem que os alunos não podem aprender material se não tiverem atingido um determinado nível de desenvolvimento.

Tall, citado por Mateya (2008), afirma que Van Hiele traçou o desenvolvimento cognitivo através de uma sucessão de níveis cada vez mais sofisticados. A teoria começou com uma criança que percebe os objectos como gestalts inteiros, observando várias formas, as suas propriedades e descrevendo-as usando definições verbais para dar descrições de figuras, deduzindo-as numa definição axiomática formal mais rigorosa.

A teoria de Paiget concebe o desenvolvimento intelectual como ocorrendo em quatro fases distintas de desenvolvimento, nomeadamente: sensório-motor (infância), pré-operacional (primeira infância até à pré-escola), operacional concreto (infância até à adolescência) e operacional formal (início da idade adulta) (Mwamwenda, 1989).

Clements e Battista, citados por Mateya (2008), afirmam, no entanto, que foram efectuados poucos estudos sobre as semelhanças e diferenças entre as teorias de Piaget e de Van Hiele. Salientam que tanto a teoria de Piaget como a de Van Hiele sugerem que os alunos devem passar por níveis mais baixos de pensamento geométrico antes de poderem atingir níveis mais elevados com um período de desenvolvimento considerável.

Com base nos resultados do estudo, o investigador encontrou algumas diferenças entre as duas teorias. Relativamente às diferenças de idade, os alunos identificados com os níveis de Van

Hiele parecem ser proporcionais às suas idades. Os resultados mostraram que os alunos mais novos têm níveis de Van Hiele mais baixos, enquanto os mais velhos têm níveis de pensamento de Van Hiele mais elevados. Isto significa que os alunos mais velhos já desenvolveram certas caraterísticas e maturidade que lhes permitem realizar tarefas diferentes das dos alunos mais novos. Mateya (2008) afirmou que a teoria de Piaget depende da idade, enquanto a de Van Hiele depende da instrução sistemática. A diferença entre as teorias de Piaget e Van Hiele é apoiada por Pandiscio e Orton, como citado por Pusey (2003), que afirmou que a teoria de Van Hiele é diferente da teoria de Piaget no movimento entre níveis ou estágios. A teoria de Piaget sugere que o movimento através dos níveis de pensamento depende da atividade, enquanto Van Hiele depende da aquisição da linguagem.

Além disso, Pusey (2003) afirma ainda que as duas teorias diferem na medida em que Van Hiele se preocupa com a forma como a matéria é ensinada, que se baseia no nível de pensamento dos alunos, enquanto a teoria de Piaget se centra mais simplesmente em descrições do desenvolvimento e maturidade do pensamento. Por outras palavras, Van Hiele preocupa-se com a instrução dos professores, enquanto a teoria de Piaget se preocupa com o desenvolvimento dos alunos. Este facto é confirmado por Clements e Battista (1992) que afirmam que a teoria de Van Hiele diria que o desenvolvimento do pensamento dos alunos sobre o raciocínio e a prova é um crescimento que depende da crescente compreensão do conhecimento geométrico e das relações, enquanto a teoria de Van Hiele diria que um aluno está pronto para provar algo se a sua compreensão do conteúdo estiver a um nível adequado (Mateya, 2008).

CAPÍTULO 29

Correlação entre as Teorias do Desenvolvimento Cognitivo e o Desempenho de Estudantes Universitários em Geometria

A tabela seguinte apresenta a correlação entre as teorias de desenvolvimento cognitivo e os resultados dos estudantes universitários em Geometria. Como se pode ver na tabela, o valor da correlação (r) entre o Nível de Pensamento de Van Hiele e o desempenho em Geometria é de 0,558 com um valor de p de 0,000. Os resultados sugerem que a hipótese nula é rejeitada. Isto significa que existe uma relação significativa entre os níveis de pensamento de Van Hiele e os resultados em Geometria dos estudantes universitários. Isto implica que, se o nível de pensamento de Van Hiele dos estudantes for mais elevado, o desempenho dos estudantes universitários em Geometria tende também a ser mais elevado.

O quadro seguinte mostra também a correlação entre a Teoria das Operações Concretas e Formais de Piaget e o desempenho dos estudantes universitários em Geometria. O valor da correlação (r) dá um equivalente numérico de 0,702 e o valor de p é de 0,000. Estes valores tendem a rejeitar a hipótese nula. Isto significa que existe uma relação significativa entre a Teoria das Operações Concretas e Formais de Piaget e o desempenho dos estudantes universitários em Geometria. Os resultados implicam que, se os alunos atingirem a fase das operações formais, mais alto será o seu desempenho no teste de Geometria.

Tabela 16. Correlação entre as Teorias do Desenvolvimento Cognitivo e o Desempenho dos Estudantes Universitários em Geometria

Cognitive Development Theories	Geometry Achievement Test	
	r	p-value
Van Hiele's Level of Thinking Thinking	.558**	.000
Piaget's Theory of Concrete and Formal Operations	.702**	.000

Legenda: **A correlação é significativa ao nível de 0,01 (bicaudal)

Senk (1999) examinou a relação entre o desempenho na escrita de provas de geometria e o nível de Van Hiele e chegou à conclusão de que existe uma relação positiva entre o desempenho dos alunos do ensino secundário na escrita de provas de geometria e os níveis de Van Hiele do pensamento geométrico.

Mason (1997) realizou uma investigação e concluiu que os resultados dos alunos sobredotados eram mais elevados no teste de geometria Van Hiele do que os dos alunos que frequentaram um curso de geometria do ensino secundário.

CAPÍTULO 30

Análise de Regressão Múltipla Stepwise sobre os Níveis de Desenvolvimento Cognitivo que melhor predizem o desempenho dos alunos em Geometria

O quadro seguinte mostra a análise de regressão múltipla passo a passo das variáveis que são os níveis de desenvolvimento cognitivo da teoria de Van Hiele e Piaget em relação ao desempenho dos estudantes universitários em Geometria. Como se pode ver no quadro 14, os coeficientes beta dos níveis das duas teorias de desenvolvimento cognitivo são positivos, o que significa que estas variáveis contribuem significativamente para a variância do desempenho em

Geometria. De acordo com os níveis de pensamento de Van Hiele, o valor R^2 de 0,565 indica que a variação da realização pode ser explicada pelos dois níveis de desenvolvimento cognitivo do modelo, nomeadamente a dedução e o rigor. Isto significa que a dedução e o rigor contribuíram significativamente para a realização em Geometria. Isto implica ainda que os alunos obtêm melhores resultados em Geometria se atingirem o nível 3 e o nível 4 nos níveis de pensamento de Van Hiele. Isto explica ainda que os alunos devem pensar de forma dedutiva e rigorosa para serem bem sucedidos em Geometria. Isto também implica que a percentagem restante, que é de cerca de 50,8% da variação da realização, pode ser atribuída às outras variáveis. Este facto está em conformidade com o estudo de Pegg, citado por Mateya (2008), segundo o qual a maioria dos alunos com melhor desempenho em Geometria são, muito provavelmente, aqueles que foram identificados do nível 3 para o nível 4.

A fórmula de regressão dos níveis de pensamento de Van Hiele pode ser dada por Realização em Geometria = 7,84 + 2,96 (Rigoroso) + 2,91 (Dedutivo). A fórmula revela que, por cada unidade de aumento do nível de pensamento rigoroso de Van Hiele, corresponde um aumento de 2,96 unidades no desempenho dos alunos em Geometria. Adicionalmente, por cada unidade de aumento no nível de pensamento dedutivo de Van Hiele, há um aumento de aproximadamente 2,21 unidades no desempenho em Geometria.

Estes resultados estão de acordo com os princípios e normas do NCTM (2000) que consideram os conhecimentos conceptuais e processuais relevantes para o estudo da matemática, particularmente no ensino da geometria. Sherald, citado por Mateya (2008), afirmou que o conhecimento geométrico é importante para que os alunos tenham um bom desempenho em matemática em geral. É a base para a visualização de conceitos aritméticos, algébricos e estatísticos.

Tabela 17. Análise de Regressão Múltipla sobre os Preditores do Desempenho dos Alunos em Geometria

Predictor Model	UNSTANDARDIZED COEFFICIENTS		STANDARDIZED COEFFICIENTS	t-value	Sig.
	B	Std. Error	Beta		
Van Hiele's Levels of Thinking					
Constant	7.84	0.31		12.32**	.000
Level 1 - Analytic	0.37	0.18	0.25	2.35	.069
Level 2 - Abstract	1.26	0.15	0.19	3.12	.058
Level 3 - Deductive	2.21	0.24	0.15	5.30**	.032
Level 4 - Rigorous	2.92	0.12	0.17	8.32**	.000
Piaget's Theory on Concrete And Formal Operations					
Constant	9.85	0.61		9.24**	.000
Level 1 - Classification	0.92	0.87	0.52	5.23	.095
Level 2 - Seriation	1.79	0.57	0.37	13.56	.072
Level 3 - Transitivity	2.31	0.48	0.52	3.73**	.030
Level 4 - Proportionality	2.57	0.26	0.37	8.49**	.002
Level 5 - Correlation	2.94	0.21	0.20	5.94**	.000

Van Hiele's Level: Multiple R = .432 R-squared = .565 F-ratio = 8.46 P-value = .002
Piaget's Theory: Multiple R = .652 R-squared = .751 F-ratio = 14.34 P-value = .000
**Correlation is significant at 0.01 level (two-tailed)

No âmbito dos níveis de desenvolvimento cognitivo da teoria das operações concretas e formais de Piaget, existem três níveis que parecem ser os preditores do desempenho dos alunos em Geometria. O coeficiente beta é de .6 e é estatisticamente significativo (p<.05). Os níveis de transitividade, proporcionalidade e correlação são estatisticamente significativos, enquanto os níveis de classificação e seriação não são significativos. Estes preditores têm um coeficiente de determinação múltipla (R -squared) de .751, o que indica que 75,1 por cento da variância na realização em Geometria é explicada ou influenciada por estes níveis.

Com base nos resultados da determinação dos melhores indicadores de desempenho dos alunos em Geometria, utilizando os níveis de desenvolvimento cognitivo de Van Hiele e a teoria de Piaget, rejeita-se a hipótese nula que afirma que não existe um nível cognitivo que melhor preveja o desempenho dos alunos em Geometria. Isto significa que os alunos identificados como pensadores dedutivos e rigorosos devem destacar-se no teste de desempenho em Geometria, enquanto que, na teoria de Piaget, os alunos identificados como possuidores de níveis de transitividade, proporcionalidade e correlação também têm um melhor desempenho em Geometria.

Este facto está em conformidade com o estudo de Leongson e Limjap (2000), que concluíram que os indivíduos com um nível mais elevado de desempenho cognitivo demonstram competência na resolução de problemas que requerem competências de processamento lógico variadas, enquanto os indivíduos com um nível mais baixo de desempenho cognitivo só conseguem resolver tipos limitados de problemas. O resultado implicou ainda que os estudantes atingiram a perícia, uma vez que são capazes de elevar o nível das suas competências cognitivas a um nível mais elevado.

CAPÍTULO 31

RESUMO, CONCLUSÕES E RECOMENDAÇÕES

Resumo

O estudo avaliou os níveis de desenvolvimento cognitivo dos estudantes do Bacharelato em Ciências da Educação com especialização em Matemática do Colégio Santa Cruz de Davao, na cidade de Davao, e os seus resultados em Geometria, utilizando o Teste de Operações Lógicas de Piaget e o Teste de Geometria de Van Hiele. Este estudo também determinou a atitude dos estudantes universitários de cada nível relativamente à aprendizagem da Geometria.

Esta abordagem baseou-se nas duas teorias de desenvolvimento cognitivo conhecidas, nomeadamente: a teoria das operações concretas e formais de Piaget e os níveis de pensamento de Van Hiele. Estas teorias são complementares nalguns pontos, uma vez que se centram em diferentes aspectos do desenvolvimento cognitivo e postulam que os alunos podem aprender material se tiverem atingido um determinado nível de maturidade.

O investigador utilizou abordagens qualitativas e quantitativas para a investigação. A abordagem qualitativa utilizou o estudo de caso para descobrir as atitudes dos alunos em relação à Geometria e a abordagem quantitativa utilizou a correlação descritiva para determinar o grau de relação entre as teorias de desenvolvimento cognitivo e o aproveitamento em Geometria.

O estudo foi realizado no Holy Cross of Davao College, Inc., em particular com os estudantes de Matemática da Licenciatura em Ciências da Educação durante o primeiro semestre do ano letivo de 2012-2013. Os instrumentos foram aplicados a 105 inquiridos, desde o primeiro ano até ao quarto ano.

Os instrumentos estatísticos utilizados para analisar e interpretar os dados foram a distribuição de frequências e percentagens para o perfil demográfico, a média para a determinação dos níveis de desenvolvimento cognitivo dos alunos utilizando o Teste de Operações Lógicas de Piaget e o Teste de Geometria de Van Hiele e o Teste de Realização em Geometria, análise de variância para comparar a diferença significativa quando agrupados de acordo com a idade, o género e o ano de escolaridade, correlação produto-momento de Pearson (Pearson-r) para determinar a extensão da relação entre os níveis de desenvolvimento cognitivo e a realização em Geometria e análise de regressão múltipla para prever a realização dos alunos em Geometria.

A análise conduz às seguintes conclusões relevantes

Dos 105 inquiridos, 50 pertenciam à faixa etária dos 16-17 anos, 38 tinham 18-19 anos e os restantes 17 tinham 20 anos ou mais. No que diz respeito ao perfil de género, o grupo feminino era o que abrangia o maior número de inquiridos, com uma percentagem de 73,3, enquanto o grupo masculino abrangia apenas 26,7 por cento ou 28 do número total de inquiridos.

Utilizando o teste de operações lógicas de Piaget, os inquiridos são classificados com base na teoria das operações concretas e formais de Piaget. Os pensadores operacionais concretos são classificados em três categorias: concretos iniciais, concretos intermédios e concretos tardios, enquanto os pensadores operacionais formais são divididos em operações formais iniciais e operações formais tardias. Dos 105 inquiridos, 3 (2,86%) pertenciam aos pensadores concretos iniciais, 22 (20,95%) pertenciam aos pensadores concretos intermédios e 36 (34,29%) pertenciam aos pensadores concretos tardios. No que respeita aos pensadores operacionais formais, 39 (37,14%) foram classificados como formais precoces, enquanto os restantes 5 (4,76%) foram agrupados em pensadores formais tardios. Utilizando o teste de operações lógicas de Piaget elaborado pelo investigador, os inquiridos são identificados com base nos níveis de pensamento de Van Hiele. Dos 105 inquiridos, 20 (19,05%) foram considerados como não se enquadrando nos níveis de Van Hiele, 14 (13,33%) pertenciam ao Nível 0, 38 (36,19%) foram identificados como Nível 1, 20 (19,05%) foram classificados como Nível 2, 12 (11,43%) eram do Nível 3 e apenas 1 (,95%) foi categorizado como Nível 4.

O nível de desempenho dos estudantes universitários em Geometria é descrito como necessitando de ser melhorado, com uma média global de 79%. A atitude dos estudantes varia consoante o nível de pensamento em que são identificados. Os pensadores de nível 0 são passivos, os pensadores de nível 1 estão confusos quanto à importância da Geometria no seu domínio, os pensadores de nível 2 têm pouco apreço pela Geometria, os pensadores de nível 3 são bons em Geometria, mas são dependentes dos outros, enquanto os pensadores de nível 4 são capazes de formular hipóteses e raciocinar e estão muito mais confiantes na realização de qualquer tarefa matemática do que os dos níveis inferiores.

Existe uma diferença significativa nos níveis de desenvolvimento cognitivo utilizando os níveis de pensamento de Van Hiele quando agrupados de acordo com a idade, o género e o ano de escolaridade. As idades a partir dos 20 anos têm um desempenho superior ao dos escalões etários mais jovens. O género masculino é superior ao feminino em Geometria, ao passo que os alunos do terceiro ano estão à frente dos outros anos.

Relativamente aos níveis de desenvolvimento cognitivo utilizando as operações concretas e formais de Piaget, existe uma diferença significativa quando agrupados de acordo com a idade e o ano de escolaridade. Ainda assim, os inquiridos mais velhos superaram os mais novos em termos de resultados em geometria, enquanto os alunos do quarto ano foram os melhores no teste de resultados em geometria do que os dos níveis inferiores. No entanto, os resultados revelaram que não existe uma diferença significativa nos níveis cognitivos quando agrupados em função do género. Relativamente às operações concretas e formais de Piaget, os grupos masculino e feminino têm o mesmo desempenho em Geometria.

Van Hiele está preocupado com a instrução dos professores, enquanto a teoria de Piaget está preocupada com o desenvolvimento dos alunos.

O valor da correlação (r = 0,558, p = 0,000) revelou que existe uma relação significativa entre os níveis de raciocínio de Van Hiele e o teste de aproveitamento em Geometria. Além disso, os mesmos resultados revelaram um valor de p de 0,000 com um coeficiente de correlação (r) de 0,702, o que sugere que existe uma relação significativa entre as operações concretas e formais de Piaget e os resultados dos alunos em Geometria.

A análise de regressão múltipla por etapas revelou os níveis cognitivos que melhor prevêem os resultados dos alunos em Geometria. Os resultados revelaram que 56,5% da variação nos resultados pode ser explicada pelos níveis de pensamento dedutivo e rigoroso de Van Hiele e que 75,1% da variação nos resultados em Geometria pode ser explicada pelos níveis de transitividade, proporcionalidade e correlação da Teoria das Operações Concretas e Formais de Piaget. Os níveis de pensamento dedutivo e rigoroso de Van Hiele dão um aumento unitário de 2,21 e 2,96, respetivamente, ao desempenho dos estudantes em Geometria, enquanto os níveis de transitividade, proporcionalidade e correlação da teoria das operações concretas e formais de Piaget dão um aumento unitário de 2,31, 2,57 e 2,94, respetivamente, ao desempenho dos estudantes universitários em Geometria. Os modelos preditores dos níveis de desenvolvimento cognitivo de N=Van Hiele e da teoria de Piaget têm valores constantes de 7,84 e 9,85, respetivamente.

Conclusões

Com base nos resultados do estudo, o investigador conclui o seguinte:

O estudo contou com um total de 105 inquiridos, dos quais 71 foram considerados para uma análise mais aprofundada, uma vez que estes estudantes se enquadram no critério de Van Hiele modificado (M3) com 3 de 5 respostas corretas. A maioria pertence ao escalão etário dos 16-17 anos, é do sexo feminino e é estudante do primeiro ano.

A maioria dos estudantes universitários é identificada como pensadores operacionais concretos, utilizando a teoria das operações concretas e formais de Piaget, que possuem os níveis de classificação, seriação e transitividade.

Utilizando os níveis de pensamento de Van Hiele, a maioria dos alunos é classificada como pensadores holísticos. Isto implica que os alunos têm um mau desempenho em Geometria porque só são capazes de reconhecer o aspeto físico do fenómeno e não têm raciocínio lógico e hipotético.

Os estudantes universitários em geral têm um fraco aproveitamento no teste de Geometria.

Os alunos têm uma atitude negativa em relação à aprendizagem da Geometria porque não conseguem apreciá-la como disciplina e também estão confusos quanto à importância da Geometria no domínio que escolheram.

Existe uma diferença significativa nos níveis de desenvolvimento cognitivo utilizando os níveis de pensamento de Van Hiele quando agrupados de acordo com a idade, o género e o ano de escolaridade. Isto implica que os alunos com idades a partir dos 20 anos têm um melhor desempenho em Geometria em comparação com os outros escalões etários. Revela também que alunos do sexo masculino têm um melhor desempenho do que os do sexo feminino e revela que os alunos do terceiro ano têm um desempenho superior ao dos outros anos em Geometria.

No que se refere aos níveis de desenvolvimento cognitivo, utilizando a teoria de Piaget sobre as operações concretas e formais, existe uma diferença significativa quando agrupados de acordo com os níveis de idade e de ano, tal como acontece com os níveis de pensamento de Van Hiele, mas não existe uma diferença significativa quando agrupados de acordo com o género. Este facto revela que tanto os alunos do sexo masculino como os do sexo feminino têm o mesmo desempenho em Geometria.

A diferença implicava que a teoria de Van Hiele informa a instrução dos professores, enquanto a teoria de Piaget informa o desenvolvimento dos alunos.

Existem relações positivas significativas entre os níveis de raciocínio de Van Hiele, a teoria das operações concretas e formais de Piaget e o teste de realização de Geometria. Isto implica que os alunos têm um melhor desempenho em Geometria se atingirem os níveis de pensamento dedutivo e rigoroso de Van Hiele e os níveis de transitividade, proporcionalidade e correlação de Piaget.

Os níveis de pensamento dedutivo e rigoroso de Van Hiele e os níveis de transitividade, proporcionalidade e correlação de Piaget são factores de previsão significativos no desempenho dos alunos em Geometria. Isto implica que, para ser bem sucedido na aprendizagem da Geometria e da Matemática em geral, o aluno deve atingir o nível 3 de Van Hiele - pensamento dedutivo e o nível 3 de Piaget - transitividade.

Recomendações

Tendo em conta os resultados e as conclusões acima referidos, o investigador gostaria de recomendar o seguinte:

A Comissão para o Ensino Superior (CHED) deve reforçar o sistema educativo filipino, mantendo os seus programas K + 12 para garantir um ensino de qualidade ao povo filipino.

Os criadores de currículos e os decisores políticos devem rever os currículos de Matemática com referência específica aos níveis 4 de Van Hiele, que é o pensamento rigoroso, e alinhar os currículos de Geometria com os níveis de pensamento de Van Hiele.

Os orientadores escolares devem incluir no teste de admissão à faculdade um teste de diagnóstico que meça a ansiedade dos alunos em relação à matemática, para que possam conceber um programa que proporcione aos alunos um local que os ajude a diminuir, se não mesmo a eliminar, a sua ansiedade.

O coordenador da disciplina de matemática deve incentivar os professores de matemática a serem criativos nas suas instruções e ainda mais sensíveis na forma como abordam os seus alunos, especialmente aqueles que não são bons na disciplina. O coordenador pode também planear aulas de recuperação para acomodar aqueles que têm ansiedade matemática. As aulas de recuperação podem fazer parte da definição de objectivos que deve ser realizada regularmente por semestre.

Os professores de Geometria devem garantir que os alunos compreendem e conhecem as propriedades das diferentes formas e que lhes são dadas oportunidades para discutir os seus pensamentos geométricos e a sua compreensão, de modo a ultrapassar a barreira linguística que é o inglês como meio de ensino.

BIBLIOGRAFIA

ABDELFATAH, H. 2010. Melhorar as atitudes dos alunos de graduação em relação à prova geométrica através de uma história do quotidiano usando o software de Geometria dinâmica. Universidade de Educação. Karlsruhe, Alemanha.

ABU-HILAL, M. M. 2000. Um modelo estrutural de atitudes em relação às disciplinas escolares, aspirações académicas e resultados. Psicologia da Educação, 20, 75-84

ADOLPHUS, T. 2011. Problemas de ensino e aprendizagem de Geometria em escolas secundárias em Riverstate, Nigéria. Departamento de Ciências e Educação Técnica. Universidade de Ciência e Tecnologia de River State. Nigéria

AIKEN, L. R. 1976. Atualização da Atitude em relação à Matemática. *Journal of Educational Research, 46*(3) 293-311.

AJZEN, I. 1988. Atitudes, personalidade e comportamento. Open University Press: Milton Keynes.

ALLAN, R. D. 1981. O desenvolvimento intelectual e a compreensão da ciência: Applications of William Perry=s theory to science teaching. *Journal of College Science Teaching, 11*(2), 94-97.

ALMEIDA, D. 2000. Uma investigação sobre a interação dos alunos de licenciatura em matemática com a prova algumas implicações para a educação matemática. In: Revista internacional de educação matemática em ciência e tecnologia, Vol. 31, No. 6

ANDERSON, L. W., DR KRATHWOHL, & PW AIRASIAN (Eds.). 2001. *A taxonomy for learning, teaching, and assessing: A revision of Bloom's Taxonomy of educational objectives*. New York: Longman.

ANGELO, T., & K. CROSS. 1993. *Técnicas de avaliação na sala de aula: A handbook for college teachers. São Francisco:* Jossey-Bass.

ASTIN, A. W. 1993. *O que é que importa na universidade*? Quatro anos críticos *revisitados*. São Francisco: Jossey-Bass.

BARAK, B. e LG. SCHIFFMAN 1981 /'Cognitive Age: A Nonchronological Age Variable", em Advances in Consumer Research Volume 08, eds. Kent B. Monroe, Advances in Consumer Research Volume 08 : Association for Consumer Research, Pages: 602-606.

BARKATSAS, A. 2004. Uma nova escala para monitorizar as atitudes dos alunos em relação à aprendizagem da matemática com tecnologia. St. Joseph's College, Melbourne.

BATTISTA, M. T. 2002. Aprendizagem da geometria num ambiente informático dinâmico;

Ensinar matemática às crianças

BELENKY, M. F., CLENCHY, B. M., GOLDBERGER, N. R., e TORULE, J. M., *Women's Ways of Knowing: The Development of Self, Voice and Mind*, Nova Iorque, Basic Books, 1986. (Uma fonte fundamental interessante, mas o jargão pode ser difícil).

CHAZAN , D. 1993. Justificativa dos alunos de geometria do ensino médio para suas visões de evidência empírica e prova matemática. Estudos Educacionais em Matemática

CRESWELL, J. W. 2002. *Educational research: Planning, conducting, and evaluating quantitative and qualitative research.* Columbus, OH: Merrill Prentice Hall.

CRICK, F 1994. *A hipótese surpreendente: The scientific search for the soul.* Nova Iorque: Charles Scribner and Sons.

Cross, K. P., & Steadman, M. H. (1996). *Investigação na sala de aula: Implementing the scholarship of teaching.* São Francisco: Jossey-Bass.

CUBAN, L, KIRKPATRICK H., & PECK, C. 2001. Elevado acesso e baixa utilização de tecnologias nas salas de aula do ensino secundário: Explicação de um aparente paradoxo. *American Educational Research Journal*

DALE, E 1977. Introdução em: *O coração da instrução: Psicologia da aprendizagem.* Departamento de Educação do Ohio. Serviço de Materiais Curriculares. Universidade Estadual de Ohio.

DAVIS, G. L. 1999. Os cursos de design paisagístico oferecem oportunidades para a aprendizagem de serviços. *NACTA Jour. 43*(1), 23-25.

DAVIS, G. L. & GILMAN, E. F. 1995. O desenho assistido por computador como ferramenta de ensino de materiais vegetais num curso de desenho paisagístico. *Proc. Fla. State Hort. Soc. 108*, 418420.

EBLE, K. E., *The Craft of Teaching*, 2ª ed., Jossey-Bass, São Francisco, 1988.

ESRA, OZDEMIR. 2006. Uma investigação sobre os efeitos da aprendizagem baseada em projectos no desempenho e na atitude dos alunos em relação à Geometria. Departamento de Ensino Secundário de Ciências e Matemática.

EVANS, N., FORNEY, D., & GUIDO-DiBrito, F. 1998. *Desenvolvimento do estudante na universidade: Theory, research, and practice.* São Francisco: Jossey-Bass.

FINSTER, D. C. 1989. Instrução para o desenvolvimento: Parte 1. O modelo de Perry de desenvolvimento intelectual. *Journal of Chemical Education, 66*, 659-661.

GFELLER, M.& NISS, M. 2005. Uma investigação da visão dos alunos do décimo ano sobre os objectivos da prova geométrica. In: A reunião anual da Associação Americana de Investigação Educacional, Montreal, QC.

HOFFER, B. K. 2002. A epistemologia pessoal como uma construção psicológica e educacional: Uma introdução. Em B. K. Hofer & P. R. Pintrich (Eds.), *Personal Epistemology: A psicologia das crenças sobre o conhecimento e o saber.* (pp.3-13). Mahwah, NJ: Erlbaum Associates.

HOFER, B. K., & PINTRICH, P. R. 1997. O desenvolvimento de teorias epistemológicas: Beliefs about knowledge and knowing and their relation to learning. *Review of Educational Research, 67*, 88-140.

HOLLERB\RANDS, K. F. 2007. O papel de um programa de software dinâmico para geometria nas estratégias utilizadas pelos alunos de matemática do ensino secundário. *Revista de Investigação em Educação Matemática*

INHELDER, B. & PIAGET, J. 1958. *The Growth of Logical Thinking from Childhood to Adolescence.* Nova Iorque: Basic Book.

JANNSON, L. C. 1986. Hierarquias de Raciocínio Lógico em Matemática. *Jornal de Investigação em Educação Matemática*

KARPLUS, R., PULOS, S., & STAGE, E.R. 1983. Raciocínio Proporcional de Adolescentes em Problemas de 'Taxa'. *Estudos Educacionais em Matemática*

KIELY, JH. 1990. Success and failue in mathematics among standard sevens in the Bafokeng region. Dissertação de doutoramento não publicada, Universidade de Witwtaresrand, Joanesburgo, África do Sul

KNIGHT, K C. 2006. Uma investigação sobre a mudança nos níveis de Van Hiele de compreensão da geometria de professores de matemática do ensino básico e secundário em pré-serviço. Uma tese de mestrado. Universidade do Maine.

KUHN, D. *Cognitive Development (Desenvolvimento Cognitivo).* Universidade de Columbia, Nova Iorque, NY, EUA

MACGREGOR, M., & STACEY, K. 1998. Cognitive Models Underlying Students' Formulation of Simple Linear Equations (Modelos cognitivos subjacentes à formulação de equações lineares simples pelos alunos). *Jornal de Investigação em Educação Matemática*

MCLEOD, D. B.1992. *Investigação sobre os afectos em Educação Matemática: Uma Reconceptualização.* Em Douglas A. Grouws (Ed.), Handbook of Research on Mathematics Teaching and Learning (575-596). New York. MacMillan.

MARTINO, A. M. & MAHER, C. A. 1999. O questionamento do professor para promover a justificação e a generalização em matemática: o que a prática de investigação nos tem ensinado; *Journal of Mathematical Behavior,*

MATEYA, MUHONGO. 2008. Utilização da teoria de van Hiele para analisar a concetualização geométrica em alunos do 12° ano: Uma perspetiva anamibiana. Uma tese de mestrado. Universidade de Rhodes.

MIDDLETON, J. A., POYNOR, L., WOLFE, P., TOLUK, Z., & BOTE, L. A. 1999. A Sociolinguistic Perspective on Teacher Questioning in a Cognitively Guided Instruction Classroom (Uma Perspetiva Sociolinguística sobre o Questionamento do Professor numa Sala de Aula de Instrução Cognitivamente Orientada). *Trabalho apresentado na Reunião Anual da Associação Americana de Investigação Educacional,* 19-23 de abril, Montreal, Canadá.

MONAGHAN, J. 2001. Interações dos professores na sala de aula em aulas de matemática baseadas nas TIC. Em Heuvel, M. v. d., (Ed.), *Actas da 25ª Conferência Internacional de Psicologia da Educação Matemática*

MOORE, WILLIAM. A Rede Perry. Centro para o Estudo do Desenvolvimento Intelectual. NW Olympia.

MOORE, W. S., "The learning environment preferences: Explorando a validade de construção de uma medida objetiva do esquema Perry de desenvolvimento intelectual", *J. Coll. Stud. Develop.,* 30, 504 (Nov.1989).

NCTM (2000). *Principals and Standards for School Mathematics*. Conselho Nacional de Professores de Matemática, Reston: VA.

NEIMARK, E.D.,1975. Desenvolvimento intelectual durante a adolescência. In F.D. Horowitz (Ed.) *Review of Child Development Research, Vol. 4*. Chicago: The University of Chicago Press.

NORDSTROM, K. 2003. Swedish university entrants' experiences about and attitudes towards proofs and proving, um documento apresentado no CERME 3, Itália

PETERS, G.R. 1971. Self-conceptions of the aged, age identification and aging. The Gerontologist.

RAVEN, R.1973. O Desenvolvimento de um Teste das Operações Lógicas de Piaget. *Educação Científica*

RUFFELL, M., MASON, J. & ALLEN, B. 1998. Estudar a atitude em relação à matemática. *Estudos Educacionais em Matemática*

OLKUN, S.; TOLUK, Z & DUMUS, S. 2002. Matematik ve S□ □ □ f O□ retmenli□ i O□ rencilerinin Geometrik Du□ unme Duzeyleri. *Ulusal Fen ve Matematik E' itimi Kongresi'nde Sunulmu Bildiri*, Orta Do□ u Teknik Universitesi: Ankara.

PIAGET, J. 2001. *Studies in Reflecting Abstraction.* Hove, Reino Unido: Psychology Press.

REFAAT, E. 2001. Efeitos da instrução baseada em módulos no desenvolvimento de competências de prova matemática e no desempenho em geometria na escola preparatória: Faculdade de Educação, Biblioteca da Universidade do Canal de Suez, Egito.

SCHOENFELD, A.H., 1994. Reflexões sobre como fazer e ensinar matemática. A.H. Schoenfeld(Ed.) *Mathematical Thinking and Problem Solving*. Hillsdale, NJ: Erlbaum.

SUN L. & WILLIAM, S. 2003. Um modelo de design instrucional para a aprendizagem construtivista. Departamento de Informática. Universidade de Reading.

TALL, D. 2004. Pensar através de três mundos da matemática. Actas da 28ª Conferência do Grupo Internacional de Psicologia da Educação Matemática.

TAPIA, M. & MARSH, GE 2004. Um instrumento para medir a atitude em relação à matemática. Trimestral de Intercâmbio Académico

TEPPO, A. 1991. Os níveis de Van Hiele de pensamentos geométricos revisitados. Professores de Matemática, 84(3), 210-221.

THOMPSON, K. M. 1993. *Geometry Students' Attitudes toward Mathematics: An Empirical Investigation of Two Specific Curricular Approaches,* Tese de Mestrado não publicada, California State University Dominguez Hills, EUA.

TROCHIM, WILLIAM 2006. *Centro Web para métodos de investigação social.* Ret. http://www.socialresearchmethods.net/kb/hypothes.php

VALE, C. & LEDER, G. (2004). A visão dos alunos sobre a matemática baseada em computador nos anos médios: O género faz a diferença? Estudos Educacionais em Matemática

VAN HIELE, P. M. 1986. *Estrutura e Perspetiva: A Theory ofMathematics Education.* Orlando: Academic Press.

WELLS, Ken R. 2004. *Psicologia do desenvolvimento: Desenvolvimento Cognitivo,* 2004

Printed by Books on Demand GmbH, Norderstedt / Germany